即動必遂

東日本大震災
陸上幕僚長の全記録

火箱芳文 著

マネジメント社

防人魂と事実の記録

五百旗頭 真

本書は、たまたま陸上幕僚長という立場に居合わせた一人の自衛官が、東日本大震災を全身全霊をかけて戦い抜く感動の記録である。

その人、火箱陸将を私は以前から知っていた。防衛大学校長であった私を、幹事（副校長）として補佐してくれたからである。いつも前向きの積極姿勢をもち、しかも明るく品がいい。将来、幕僚長に一番ふさわしいよね、そんなことを他の副校長と雑談したりしていた。

火箱幹事は、名古屋の第十師団長であった時、能登半島地震に遭遇し、前例を破る迅速で積極的な対応を行った経験を語ったことがある。阪神・淡路大震災の体験者であり、防大生が災害支援に立ち向かうことを望んでいた私に、火箱幹事の積極姿勢は頼もしく感じられた。

本当に陸幕長となった火箱氏につき従って、私は北海道の演習を視察したことがある。その本気度に圧倒された。陸幕長自ら塹壕に入って、これでは戦闘状況によっては効力を失うと修正を求めた。この人らしく型通りの作業でよしとせず、本気で実戦訓練するよう厳しく指導していた。

三・一一大地震の瞬間、火箱陸幕長は市ヶ谷防衛省A棟十一階、事務次官室で幹部会議中であった。壁の額縁が落下しそうな程の大揺れとなり、会議は中止、テレビをつけると、遠く宮城沖が震源であることが分かった。それでいて揺れは更に大きくなる。

これはただごとではない。戦《いくさ》になる。国と国民を守る戦いに備えてきた自衛官として、こともあろうに自らが陸自の最高責任者である瞬間に戦が始まる、運命の人となった。火と燃える魂をもって立ち向かう他はない。事務次官室を出る前に眼の合った折木統幕長に「部隊を集めます」と申告した。十一階から階段で四階の陸幕長室まで下る中で、作戦計画はまとまった、と本書はいう。

まず電話を被災地の君塚東北方面総監へ入れた。

「知事の要請を待つことなく出動せよ。全国から部隊を集めるから指揮をとれ」

続いて全国四つの各方面総監部に電話した。熊本の西部方面総監には、福岡の第四師団と第五施設団は直ちに派遣せよ、ただし沖縄の第十五旅団と熊本の第八師団は動かすな。東シナ海の波高い中、国防の隙をつくってはならぬ。次なる事態への対応を考慮しつつ、可能な限りの部隊を全国から東北に集める指示を矢継ぎ早に行ったのである。

それは二重の意味で驚きである。一つは、陸上幕僚監部にも大動員のプランはなかったというのに、陸幕長個人が瞬時につくり上げ、全国に指示した。全国の諸部隊への精通と、それを突発事態への対応に向けて瞬時に組み上げるコンピューター顔負けの集中力なしに、なしえないところである。もう一つは、この陸幕長の独断専行は、防衛大臣と統幕長による統合運用の原則、さらにはシビリアン・コントロールの原則への背反の疑いなしとしない点である。

陸幕長自身、その危険を自覚しつつ、重大危機に直面した責任者としてあえてやるべきと決断した。そう本書は語る。

もし咎が問われることになれば、自分が全責任を負うことを覚悟して。国と国民を守ることが自衛隊の究極の任務である。大小様々な約束ごとに拘泥して、もっとも重大な瞬間、究極任務を見失ってはならない。それが著者の信念であろう。

阪神・淡路大震災の際、自衛隊は事態の重大性への認識が浅く、初動に遅れた。その結果、百六十五人の生存救出に留まった。警察は三千四百九十五人、消防が千三百八十七人であるのに比して寂しい数字である。

東日本大震災において、警察が三千七百四十九人とやや増やし、消防が四千六百十四人と大きく伸ばしたのに対して、自衛隊は一万九千二百八十六人と百倍以上、全生存救出の七割近くを占める圧倒的な役割を果たした。十万七千の大動員をきわめて効率よく迅速に行ったことが、それを可能にした。

「いずれ大臣、統幕長から正式命令が来るが、それを待つことなく直ちに準備せよ」との陸幕長の適確な指示なくして、自衛隊の大きな役割はありえなかったであろう。

本書は、東日本大震災という国家的危機の前線で戦った陸幕長の防人魂と事実の記録である。四年後の今、当時は知り得なかった多くの事実を浮かび上がらせるとともに、自衛隊の内実や国防の本質を理解する上で貴重な資料となるであろう。（いおきべ・まこと）

熊本県立大学理事長
ひょうご震災記念二十一世紀研究機構理事長
〔前防衛大学校長〕

前　文

わが半生を振り返ると、「戦《いくさ》」との運命的な出会いを感じる。

防衛大学校を卒業して陸上自衛隊に入隊し、一人の自衛官として「わが国の平和と独立を守る使命」を貫き通した三十八年間。陸上幕僚長（陸将）時代、東日本大震災という戦後最大の国家の危機的事態に遭遇し、この作戦遂行を最後に退官した私の「防人《さきもり》」としての人生は、まさに「戦」で幕を開け、「戦」で幕を閉じたといっても過言ではない。

私が生まれたのは大分県中津市との県境に近い福岡県築上郡新吉富村《ちくじょうぐんしんよしとみむら》（平成十七年に大平村と合併して現在は築上郡上毛町《こうげまち》）だ。太平洋戦争が終結してから六年目の一九五一年（昭和二十六年）五月十五日、四人きょうだいの末子、三男として生を受けた。火箱姓は福岡県や熊本県に散在するが、読売新聞の「お名前風土記」という記事（昭和五十九年九月二十六日付）には、「豊前の国の言葉が示す歴史から城にまつわるものもある。一丸、二丸はお城の名称。珍しい名前では火箱。これは（福岡県）豊前市山田町にあった宇都宮家の出城である火箱城。城の名前をそのままとったもので、その家臣かいずれも名門をうかがわせる」と書かれている。宇都宮家は、ＮＨＫ大河ドラマ『軍師官兵衛』で話題となった黒田官兵衛の息子・長政と家臣によって一五八八年（天正十六年）、合元寺（中津）で謀殺された宇都宮鎮房の一族のことである。

それはさておき、私が生まれた前年の一九五〇年（昭和二十五年）六月には、朝鮮半島で新たな「戦」が始まった。朝鮮戦争である。北朝鮮軍の韓国への奇襲侵攻は、当時連合国軍が占領していた日本へも直ちに波及した。日本駐留の米陸軍部隊（第八軍）が朝鮮半島に投入されたため、国内の防衛・治安維持兵力が手薄となった。そこで同年八月、連合国総司令部（ＧＨＱ）の指令に基づくポツダム政令によって「警察予備隊」が創設された。

翌一九五一年にサンフランシスコ講和条約が締結され、日本は独立を果たし、同時に日米安全保障条約が締結された。警察予備隊は五二年、陸上自衛隊の前身である「保安隊」と改組される。

今日のわが国の安全保障・防衛政策の基礎が作られた時代に生まれ、六十年後、史上最大の自然災害との「戦」を戦い終えた私は、そうした意味で「戦」との運命的なつながりを感じざるをえないのである。

二〇一一年（平成二十三年）三月十一日午後二時四十六分十八秒、宮城県牡鹿半島の東南東沖百三十㎞の海底を震源とするマグニチュード９の大地震が発生した。

その瞬間、「これは戦《いくさ》だ！」と直感した。武者震いが起きた。そして「この戦に敗れたら国は亡びる。陸上自衛隊の総力を挙げて必ずこの戦に勝つ」との決意を固めた。

最大震度は宮城県栗原市の震度七。岩手、宮城、福島、茨城県などの三十六市町村で震度六強を記録した大地震は、最大遡上高四十・一mという巨大な津波を生み出し、東北から関東地方の太平洋沿岸部で多くの人命を奪い去った。さらに福島県では福島第一原発のメルトダウン（炉心溶融）という世界史的な大事故を引き起こした。

自衛隊は発足以来最大規模となる陸海空十万人出動体制を敷き、派遣期間二百九十一日、延べ千六十六万人という史上最大の災害派遣に出動した。災害派遣は自衛隊の大きな任務の一つである。台風をはじめ地震や地滑りによる災害現場は数多く経験していたが、津波被害に対する対応は一部の部隊を除いてはほとんど初体験であった。

しかも、「地震と津波による災害対処」と、「原発事故に対する災害対処」という「複合事態に対する二正面作戦」の遂行を求められたのである。平時から、考えられるさまざまな事態を想定し、作戦を立て、必要装備を備えて訓練をしている陸上自衛隊にしても、あれだけ広範囲にわたる激甚災害での人命救助と行方不明者の捜索、避難者（被災者）の生活支援、瓦礫撤去をはじめとする応急復旧という複合任務は初めての体験だった。この「複合任務による二正面作戦」を遂行するための最善の作戦は何か、被災現場ではどんな武器（道具）が必要なのか……すべてが手探り状態だった。

まして原子力発電所は、在日米軍基地や自衛隊施設と異なり自衛隊の警護対象施設ではない。したがって、平時からの情報収集もなければ有事の際の作戦計画もない。原子力発電所建屋への突入・放水作戦とか、ヘリコプターによる空中からの注水作戦等は、陸上自衛隊にとって、想定外どころの話ではない未知の世界の作戦の連続だったのである。

『戦争論』の中でクラウゼヴィッツは「戦争計画の二つの原則」として、㈠可能な限り集中的に行動する、㈡可能な限り迅速的に行動する、と書いている。

陸幕長として私は、各部隊に「即動必遂《そくどうひっすい》」という言葉を繰り返し訓示してきた。「発生した事態に対し即行動し、編成装備の持続力をもって、任務を必ず成し遂げる部隊となれ」という趣旨の私の造語だが、これこそが「強靭な陸上自衛隊の創造」の原点であり、東日本大震災の災害派遣で実行することができた。

東日本大震災では「即動」に加えて「持続性」が重要だった。わが国最大の自己完結性の装備を持ち、日夜、有事の際の訓練を重ねている陸上自衛隊が「出動して三日でバタン」では話にならない。未曽有の大災害は、全ての隊員と部隊に未曽有の試練と実践を強いた。そこで発災から十二日目、私は陸幕長として「全陸上自衛隊隊員諸官へ」と題し、次のような檄文《げきぶん》を配布した。

3月11日、三陸沖を震源とするM9・0の地震が発生し、これに伴う津波によって東北地方を中心に未曾有の災害が発生した。この「東北地方太平洋沖地震」では、多数の人命が失われた。隊員自身も被災し、なかには家族親戚等を亡くした隊員も数多くいる。ここに犠牲者となられた方々の御冥福をお祈りするとともに、被災地の一刻も早い復興を願うところである。
発災以来、政府を始め関係機関は被災者の捜索・避難、生活支援、復旧などに取り組んでいる。陸上自衛隊は、全国から部隊を集中し、東北方面隊を基幹とする災害派遣では初の統合任務部隊として活動するとともに、東部方面隊をもって関東地区の災害に、中央即応集団をもって原子力災害に対処しているところである。また、今次災害派遣に当たっては、自衛隊創隊史上初めて即応予備自衛官、予備自衛官を招集し、生活支援活動等に従事させるなど、最大規模の態勢で臨んでいる。

被災者の捜索・救助・生活支援・復旧等の第一線で活動している隊員及び福島第一原発において事態収拾のための各種作業等を実施している隊員は、頻発する余震、放射線被曝等の二次災害の危険と隣り合わせの中、懸命に任務を遂行している。その姿は実に頼もしく、かつ誇らしく思う。陸上幕僚長として心より慰労と敬意を表したい。また、全国の部隊が地域の防衛警備任務等に備えつつ本活動を支えており、全国各地で後方支援等に任ずる隊員諸官達の労苦にも心からの慰労と敬意を表するものである。

報道等にもあるように、これまでの隊員諸官の献身的な捜索・救助活動等や、前例のない極めて困難な原子力災害への対処活動に対し、被災者はもとより、国民全体あるいは諸外国から高い評価と大きな信頼及び感謝の言葉が寄せられている。

　このような期待は、まさに国家的危機において陸上自衛隊が、国家国民の「最後の砦」であるとの信頼を意味している。「今、俺がやらなければ誰がこの国、国民を救うことができるのか」という気概を全陸上自衛官が持ち、陸上自衛隊一丸となり、部隊長を核心に強固な団結の下、死力を尽くして任務を達成し、この難局を何としても乗り越えていこうではないか。近く被災地の視察に行くつもりであるが、戦後最大の試練の中、被災地の復興の先駆けとなるべく、隊員諸官一人一人の今後ますますの奮闘努力を期待する。

平成23年3月23日

陸上幕僚長　陸将　火箱芳文

　自衛隊の任務は、㈠防衛出動、㈡治安出動、㈢災害派遣を三本柱に、「わが国の平和と安全に重要な影響を与える事態」に対して関連機関と連携し、迅速かつ適確に対処することである。二〇〇七年（平成十九年）、「防衛庁」が「防衛省」に移行したことにともない、海外活動が「付随的任務」から「本来任務」となった。さらにその他、災害発生時の救急医療・防疫、離島からの救急患者輸送、遭難者救助、不発弾処理、機雷除去、総理大臣・国賓の政府専用機での輸送、南極観測隊員および物資の輸送、土木工事、教育訓練の受託、在外邦人の輸送、国家的行事での礼式などの任務も負っている。

さらに陸上自衛隊は、わが国に対する外国の侵略を未然に防止するとともに、万一侵略があった場合に対処することを中心的な役割とし、大規模災害など各種の事態への対応やＰＫＯ（国連平和維持活動）など、さまざまな分野で任務を果たしている。

被災地・東北に五個師団、四個旅団、航空機百機、合わせて七万人の陸上自衛隊の戦力を集中させた時、陸上幕僚長として最も恐れたことは、テロ・侵略行為などの防衛警備事態と、新たな自然災害の発生であった。そのために、被災地に総力を集中させながら全国五方面の防衛体制に一分の隙間も空けない出動態勢をとることに細心の注意を払った。

詳細は本文中に記すが、陸上自衛隊を中心に自衛隊組織がこの史上最大の危機に際し、何を考え、何をやったか。その作戦の実態を史実として残すとともに、陸上自衛隊の兵站《へいたん》、人事、教育訓練、防衛力整備等の責任者である陸上幕僚長として、国民と国土の安全と平和を守るために、何をどう改善すべきか、体験して初めて分かったこと、学んだことを率直に記し、世に問いたく筆を執った次第である。第一部（第一章～第四章）は災害派遣の全記録、第二部（第五章）はこの教訓を含めわが国の防衛について私見を述べたものである。

集団的自衛権、憲法改正の是非が社会的・政治的テーマとして議論されている今日、願わくは一人でも多くの国民の皆さんに、わが国の平和と独立を守り、自然災害との戦いにも勝つことができる安全かつ強靭な社会を作るためにはどうすればよいのかを、真剣に考えていただきたいと願っている。

何が足りなくて、どこをどう改善すればよいのか。国家国民にとって最も重要である安全保障、防衛問題を情緒的・感情的・表面的議論ではなく、わが国の平和と独立を守るための原点に立ち戻って、活発かつ有益な議論をするための叩き台となることができれば、「防人」冥利に尽きる喜びである。

二〇一五年二月

火箱 芳文

目次

即動必遂——東日本大震災 陸上幕僚長の全記録

第一部

第一章　戦後最大の危機 ―― 25

第三章　前線部隊の苦闘

第四章　日米共同「トモダチ作戦」　201

第二部

第一部　第一章

戦後最大の危機

国家の危急的事態発生

その日、午前十時から東京・市ヶ谷の防衛省庁舎A棟十一階の防衛事務次官室には、防衛事務次官、四幕僚長（統合幕僚長＝統幕長・陸上幕僚長＝陸幕長・海上幕僚長＝海幕長・航空幕僚長＝空幕長）、情報本部長、内局（内部部局）の防衛政策局長ほか、課長クラスを含めて十人ほどが集まって「情報委員会」を開いていた。この委員会は、議論を重ねて方向性を決めるような重要な会議ではない。保全違反がなかったかどうか等を報告する各部局の報告会議である。

陸幕長であった私は、午後三時三十分に福岡県久留米市に向かい、陸上自衛隊幹部候補生学校の卒業式で訓示を述べる予定だった。教育訓練部長ら先発隊はすでに久留米に向かい、私も「そろそろかな」と退出準備をしようと腕時計を見ていた矢先だった。

二〇一一年（平成二十三年）三月十一日、午後二時四十六分十八秒。

ドスーン！　ガタガタガタ‼

次官室はものすごい震動に襲われた。左手に座っていた中江公人防衛次官が「陸幕長、危ない！」と叫んだ。私の背後、壁に掛かっている大きな絵が大きく揺れ動いていたのだ。椅子から飛び上がり、折木《おりき》良一統幕長（防大十六期卒）と額縁を抑えた。絵は「自衛隊絵画展」の入選作品だった。今まで経験したことのない揺れだ！　しばらく揺れが続く間、心臓の鼓動が聞こえてくるような胸騒ぎを覚えていた。震源地が東京に近ければこの程度だが、もし離れたところなら、現地では大変なことが起きたのではないか。

「どこだ！　震源地は！」

中江次官がすぐにテレビのスイッチを入れた。

「東北地方で大きな地震が起きました。震源地は三陸沖、震源の深さは十㎞。地震の規模を示すマグニチュード（以下、M）は8・4」

「最大震度は七。六強を観測したエリアは宮城県北部、宮城県南部……」

「津波発生の可能性が考えられます。海岸付近の方は直ちに海岸から離れ、高台に避難してください」

「これはただごとじゃない。東北で戦《いくさ》が起きた」と直感した。

私は防大十八期卒だが、若い頃、三期上で北部方面総監だった得田憲司先輩（防大十五期卒）に教え込まれた言葉が頭にガツンと響いた。

「運用（作戦）に携わる者は、常日頃から戦の匂いを嗅ぎ分けられるように感覚を研ぎ澄ましておけ！」

得田先輩が言われていたことの意味が初めて分かった。これが「戦」の匂いなのだ。戦争でも災害でも初動が大切だ。一刻も早く現地対応をしなくてはならない。この「戦」に負けたら国は亡びる。絶対に負けられない。「戦」を前に私は武者震いした。

会議は即刻中止。地上十九階、地下四階、屋上に二つのヘリ発着場を完備する庁舎が余震で揺れ動く中、私は持ち場に戻った。次官室を退出する直前、目が合った統幕長に「部隊を集めます！」と宣言した。この時、後日防衛大臣からの災害出動命令が出る前に部隊を動かしたことが問題となった場合、自分が全責任を取る覚悟を決めていた。

エレベーターは動かない。十一階の次官室から四階の陸幕長執務室まで階段を駆け下りた。柔道五段、習志野空挺団出身。五十九歳（当時）だが足腰には自信があった。階段を駆け下りながら頭の中は冷静だった。何をなすべきか。頭の中もフル回転していた。

「生存確率が高い七十二時間以内に、被災地に大部隊を送り込む」

「東北方面隊だけでは人数が足りない。五方面隊全てから部隊を集める」

「まずは、東北方面隊を出動させ、直ちに北部・東部・中部・西部方面隊から部隊を出す」

四〜五分後、四階の執務室に着いた時には、運用作戦の骨格は頭の中で完成していた。直ちに防衛マイクロウェーブ回線を使って仙台の東北方面総監に電話をかけた。

全陸上自衛隊、すぐに飛び出せ！

当時、陸上自衛隊には「全国から部隊を集めて東北地方へ動かす」という災害派遣計画は出来上がっていなかった。また、陸上自衛隊には海上自衛隊や航空自衛隊のように、陸自全体を指揮する「陸上自衛隊総司令官」というポストがない。あくまで五つの方面隊の総監が、それぞれの管轄の部隊の指揮を執るシステムなのだ。

しかし、このような「国家の危急的事態」の際は、方面規模ではなく全国規模で作戦を立て行動に移さねばならない。侵略やテロに対する防衛上の隙間を空けずに、最大規模の災害派遣を実行する作戦を立て、全国の部隊が緊急に出動できる態勢を作らねばならない。自分がその役割を担うしかない。たとえそれが「越権行為」「超法規行為」と誹《そし》られ、処分されても「やるしかない」と覚悟を決めた。詳細は後述するが、「自分がそうするしかない！」と判断したからである。

東北方面隊は宮城県沖地震発生の蓋然性《がいぜんせい》をふまえ、「宮城沖地震対処計画」を先行的に計画し、二〇〇八年（平成二十年）には、東北方面隊を中心に海・空自衛隊、東部方面隊、さらに関係自治体、関係機関が参加しての実動訓練「みちのくＡＬＡＲＴ《アラート》２００８」などを実施していた。初動対応が比較的スムーズにいったのは、この実動演習まで実施して、相互に認識を共有していたことが大きい。

しかし、M9の直撃を受けた東北方面総監部（宮城県仙台市）は、大混乱に陥っていた。通常はこういう場合、副官に連絡を指示するのだが、私は防衛マイクロウェーブ回線による「指揮システム」が機能しているかどうか確認するためにも自分で受話器をとった。

電話に出た君塚栄治総監（防大二十期卒＝私の後任陸幕長）は開口一番、

「やられました」と言う。

「部屋の中はガタガタです。停電でテレビも映りません」

東北方面総監部は前年、耐震構造の新庁舎に建て替えたばかりだった。隣接する古い庁舎も耐震補修していたが、新庁舎と古い庁舎をつなぐ渡り廊下の継ぎ目が剥落《はくらく》し土煙《つちけむり》が上がっているという。

テレビ会議のシステムはあるが、それは平時の話。陸上自衛隊は緊急時、有事に有効に稼働する「指揮システム」を使う。しかし、指揮システムは電話・データ通信・静止画像通信は可能だが、テレビ会議のような動画通信はできない。つまり顔が見えない、表情が分からない。いざという時はこの防衛マイクロウェーブを通した相手の声の聞き分けが頼りなのだ。

「しっかりしろ！　東北方面隊に全員非常呼集をかけ、県知事の要請がなくてもすぐに飛び出せ。海岸付近に隊員を出動させて救助にあたれ」と指示した。

県知事への連絡はあとでもできる。隊員を現地に早く集中させることが何よりも重要である。そして「そこに全国の部隊を集める。君が指揮をして災害にあたれ」と言って電話を切った。

残留部隊はテロ・災害に備えよ

私は頭の中に日本地図と各部隊を描きながら、他の四方面総監に電話をかけまくった。まずは、九州・沖縄を管轄する西部方面隊（司令部・熊本市）からだ。当たり前の話だが、被災地から遠いほど現地到達に時間がかかるからである。

西部方面隊の木崎俊造総監（防大二十期卒）に「揺れたか?」と聞くと、「たいしたことはありません」と言う。九州の震度は一～二だった。

「東北は大変なことになっている。直ちに第四師団（司令部・福岡県春日市）、第五施設団（同小郡《おごおり》市）を出せ。ただし、沖縄と南九州は動かすな」と命じた。

朝鮮半島有事に対処する任務を持つ北九州管轄の第四師団は出せる。東北の現地では、津波が押し寄せるのでボートが必要だろう。応急・臨時の橋を架けることもある。津波被害対策のためには架橋能力を持つ施設部隊（第五施設団）の力が必要だ。

しかし、沖縄県那覇駐屯の第十五旅団と、熊本市内に司令部がある第八師団（北熊本駐屯地）

■陸上自衛隊の部隊配置

方面隊	陸上自衛隊最大の部隊で、数個の師団を基幹として構成される。
中央即応集団	新たな脅威や多様な事態に迅速かつ的確に対応するため、空挺団、ヘリ団など各種専門機能を有する部隊の運用を一元化するとともに、国際平和協力活動にも対応する部隊。
師団（旅団）	方面隊の基幹部隊として、方面隊内の主要な作戦面を担当する部隊。

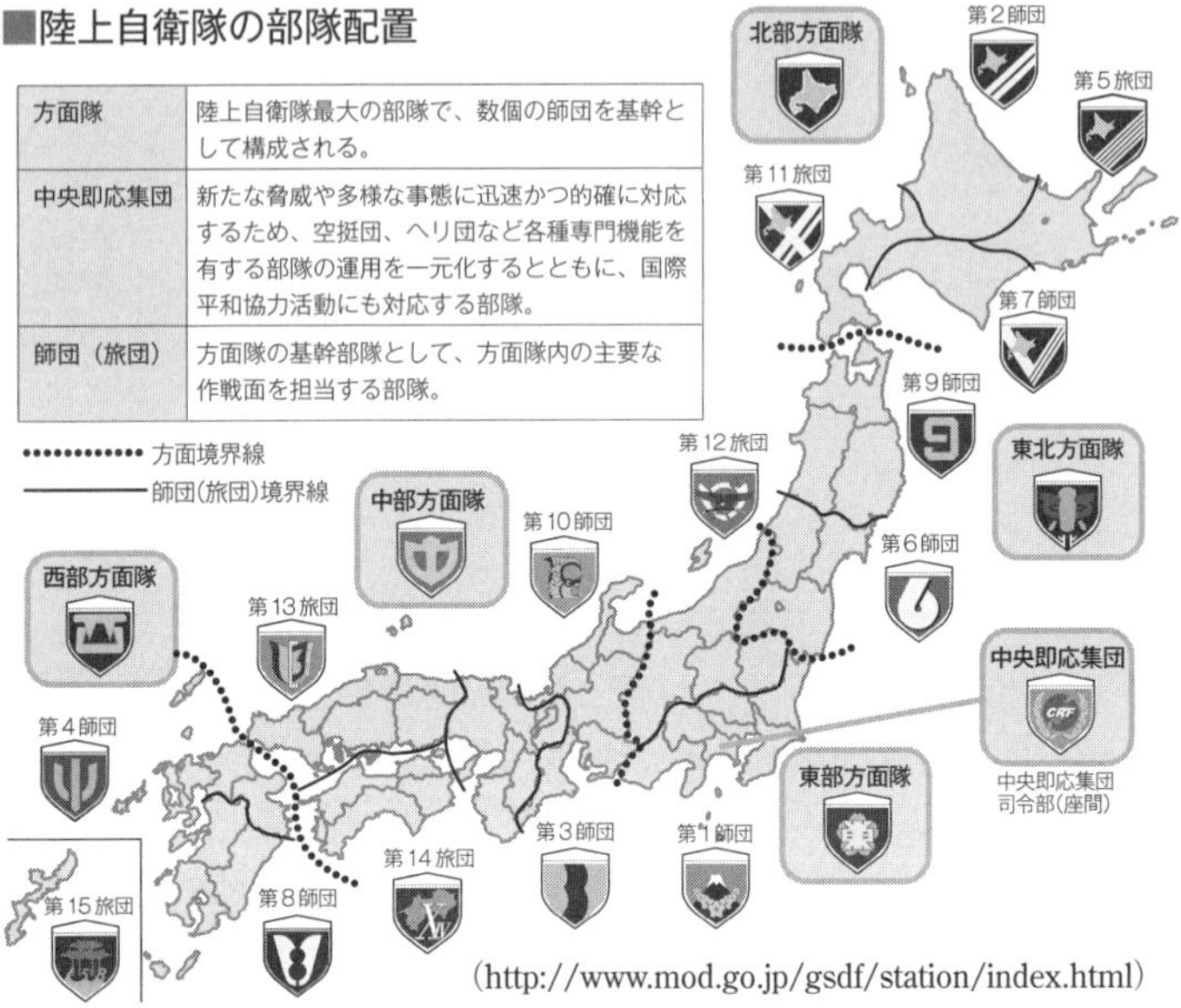

(http://www.mod.go.jp/gsdf/station/index.html)

は動かすなと指示した。尖閣諸島など南西諸島への対処のためである。中国に対しては沖縄の第十五旅団が前面に立つが、その後詰めとして南九州管轄の第八師団が構えていることが絶対に必要だからである。また当時は、霧島の新燃岳《しんもえだけ》（霧島山）が噴火していて、火山噴火による新たな災害も懸念されていた。

「了解しました。で、部隊はどこに行けばいいのですか？」と木崎君が聞く。

「まだ分からん。とにかく東北方面に向かって走っておけ。目的地は後で指示する」と答えて電話を切った。

航空自衛隊に兵員輸送を頼むことも考えたが、被災地では車両が必要だし、食料などの兵站もある。まして施設部隊の大型機械を空輸するのは無理だ。自走で行くしかない。

私は次に中部方面隊（司令部・大阪府伊丹市）に電話した。荒川龍一郎総監（防大二十一期卒）はヘリで視察中、総監部に向かって帰隊中とのこと。総監部の幕僚長も離席していたので幕僚副長に指示した。

「第十師団（名古屋市・守山駐屯地）、第四施設団（京都府・大久保駐屯地）を出せ。第三師団（伊丹市・千僧駐屯地）は動かすな。第十三旅団（広島県・海田市《かいたいち》駐屯地）と第十四旅団（香川県・善通寺駐屯地）は集めて待機しておけ。陸幕長から電話がありましたと伝えろ」と出動を命じた。

十三旅団と十四旅団を待機させたのは、北朝鮮による日本海正面への対応と四国への連動型南海地震の可能性が頭にあったからである。四国は災害等があると孤立しやすいし、南海トラフ地震が連動発生する可能性がある。また部隊交代としての役割も顧慮してのことである。第十師団は東海、東南海地震の懸念はあったが、地理的に現地に一番早く到着できると判断した。

大阪・伊丹の第三師団は残置、山陽・山陰地区を守る第十三旅団、四国の第十四旅団は出動準備のうえ、待機することを命じた。

第十師団は大部隊だ。ここが空き家になると、北陸の福井原発もあるので中部方面隊を再配備する際には、大阪を管轄する兵庫県伊丹市の第三師団（対テロ・対ゲリラ戦を重視して市街戦装備を優先させた政経中枢師団）は動かさない、というのが私が立てた作戦の基本だった。

北部方面隊・東部方面隊は兵站支援せよ

関東甲信越を管轄とする東部方面隊（東京練馬区・朝霞駐屯地）は動かしにくい状況だった。茨城、千葉は被災地となる可能性があり、国家の中枢である東京の部隊は残しておかなくてはならない。動かせるのは群馬、栃木、新潟、長野を管轄する第十二旅団（群馬県榛東村《しんとうむら》・相馬原駐屯）だ。ヘリコプターを多数装備しているこの空中機動部隊ならば真っ先に被災地に到着し、ビル屋上などに取り残された被災者を救出できると判断した。

関口泰一東部方面総監（防大二十期卒）には「第十二旅団を直ちに東北に向けて出動。第一師団（練馬駐屯地）は当然動かさず首都圏の防衛警備にあたれ。千葉、茨城が被災した場合の災派遣に備え、東北方面隊に全国から部隊を集中するので、残留部隊は全力で兵站支援を実施するように」と指示した。

この「戦」は長引く。「即動」がうまくいっても任務が「必遂」できなければ、陸幕長就任以来訴えてきた「強靭な陸上自衛隊の創造」という私の統率方針も絵に描いた餅となってしまう。これから続く長期戦における兵站は、東北方面隊だけではとてもまかないきれない。地理的にも被災地に近い東部方面隊の兵站支援が絶対に必要なのだ。

後日、茨城県・霞ヶ浦駐屯地の関東補給処《ほきゅうしょ》の一部が郡山駐屯地に前方支援地域を開設し、宮城県南部から福島県にかけて活動する部隊に対する兵站支援を実施した。東部方面隊は全国から派遣された一部の部隊の兵站を一手に担うという、目立たないが極めて重要な役割を「必遂」した。

次に、北部方面隊（司令部・札幌駐屯地）の千葉徳次郎総監（防大二十一期卒）に電話した。庶務班長が「総監はもうすぐ総監部に到着いたします」と言うのでいったん電話を置いた。千葉君からすぐ電話が入った。

北部方面隊（北海道）は対ロシアを担当している部隊である。道央・政経都市札幌を担う第十一旅団（札幌・真駒内駐屯地）は動かせない。第五旅団（釧路・帯広駐屯地）は津波が来るかもしれないので今は動かせない。

「第二師団（旭川駐屯地）は出せるか」と聞くと、「出せます」と言う。

「第七師団（東千歳駐屯地）はどうか」と聞くと、返事を躊躇《ちゅうちょ》した。

第七師団は陸自唯一の機甲師団で北海道防衛の虎の子である。「装軌車や装甲車で自走化された部隊のため災害派遣には不向き」というのが千葉君の考えだった。そこで、師団司令部は動かさないで隊員だけを出すことにした。

また、北部方面隊には大きな方面総監直轄部隊が二つある。一つは第一特科団。北千歳駐屯地に本部を置く野戦特科部隊だ。もう一つは第一高射特科団（本部・東千歳駐屯地）。北海道全域の防空を主任務とし、陸上自衛隊では西部方面隊の第二高射特科団とともに最大勢力の高射特科部隊である。私はこの二つの直轄部隊を出すよう指示した。

釧路・帯広地区を管轄する第五旅団については、地震の頻発地なので今回の大地震の影響で何かあるかもしれない、それに備えた出動準備をしておくように指示したうえで、兵站については東北方面隊に依拠するのでなく「北方の部隊は自ら面倒を見てくれ」と指示した。その訳は、私自身の体験と教訓からである。

北部方面総監部の幕僚長（札幌駐屯地司令兼務）をしていた二〇〇四年（平成十六年）十月二十三日、新潟県中越地方を震源としたM6・8、最大震度七の新潟県中越地震が起きた。北部方面隊に支援要請があり部隊を派遣したが、管轄の東部方面隊にしっかりした兵站基盤がなく、満足な兵站支援を受けることができなかった。そんな苦い体験があったので、千葉君には「兵站支援もせよ」と指示した。北部方面隊は、岩手県の岩手駐屯地に前方支援地域を開設し、自分の部隊の兵站を確保した。

北側からは北部方面隊が、南側からは東部方面隊が、被災地を挟む形で兵站支援を行う形を発災直後に指示した。

発災三十分で出動を指示

北部方面隊の移動に関して一番問題だったのは、被災地と陸続きではないことだった。部隊が機動展開するためには隊員輸送のための輸送船が必要である。

「船は私がなんとかする。小樽でも苫小牧でもどこの港でもいい。部隊を集結させておけ」と命じておいて、海上自衛隊の杉本正彦海幕長（防大十八期卒）に電話をかけた。

「北部方面隊を輸送艦で運んでくれないか」

ところが輸送艦は三隻とも修理中。「ドックに入っていてすぐに使えない。出港までに二日かかる」と言う。とても四十八時間は待てない。そこで、以前から「何かのときに活用できるのではないか」と目を付けていた東日本フェリーの「ナッチャンWorld《ワールド》号」をチャーターできないかどうか調べるように指示した。乗員乗客千七百四十六名、普通自動車百九十五台とトラック三十三台を運ぶことができる高速フェリー「ナッチャンWorld号」は、青函連絡船が廃止されたあと、休船していたのだ。しかし諸事情あって、一番早く動けたのは実際には民間の「新日本海フェリー」をチャーターした第二師団の先遣《せんけん》部隊だった。先遣部隊は小樽港から秋田港を経て岩手山演習場（岩手県滝沢村）に移動。その後、主力の部隊は、商船三井フェリーや太平洋フェリーで苫小牧港から青森港に向かい、岩手山演習場に集結して陸路被災地に入った。

以上の指示命令を五個方面隊の各総監に出し終わった時、時計の針は十五時十五分を指していた。地震発生から三十分も経っていなかった。

初動に関する私の考え、四つのポイントをまとめておく。

㈠各方面隊に残置部隊と派遣部隊を明示すること
㈡津波対応のため架橋能力、道路補修能力を持つ施設団を同時派遣すること
㈢人命救助と避難者の生活支援を当面の任務として優先させること
㈣兵站体制は、北部方面隊・東部方面隊が被災地を挟むように支援すること

各方面隊に指示を出したのち、私は直ちに地下にある陸幕指揮所に向かって階段を駆け下りた。陸幕指揮所は有事の際、陸上自衛隊の最高司令部となる場所である。

指揮所には課長クラスの幕僚が集まり、騒然としていた。ところが、タイミングが悪いことに、統幕からの命令に従い実行・措置する部署である運用支援情報部の担当者、小林運用支援情報部長は海外出張中。兒玉運用支援班長も防衛研究のために沖縄出張中だった。

在席していた高田運用支援課長が「部隊をどのように動かしましょうか?」と聞いてきた。「も

う各方面総監に指示した」と各方面隊への指示の内容をかいつまんで説明し、「統幕に、このような部隊を出せますと伝えるように。各方面隊と下打ち合わせができている。あとは統幕から命令を出せばよい」と言い残して、今度は階段を駆け上がり、十四階の省対策室に向かった。

「規律違反でクビ」覚悟の命令

各方面総監と以上のようなやり取りをしたが、先に触れたように、本当は、自衛隊の運用規則上やってはいけないことなのだ。海上自衛隊には「自衛艦隊司令官」、航空自衛隊には「航空総隊司令官」という全軍司令官がいて指揮命令が一元化しているが、陸上自衛隊には「陸上総隊司令官」がいない。というか、陸自には総隊がない。したがって総隊司令官もいないのである。

災害派遣であれ防衛出動であれ、陸上自衛隊は出動の際、全国を五方面（北部・東北・東部・中部・西部）に分けた方面隊のうち、その現場を管轄する方面総監が最高司令官となる。

以前は陸海空の各幕僚長が大臣命令を執行していたが、二〇〇六年（平成十八年）に運用規則が変わり、大臣命令を執行するのは陸海空の幕僚長ではなく、統合幕僚長（統幕長）の権限となった。つまり陸上自衛隊の総司令官（フォース・ユーザー）は陸海空自衛隊を束ねる統幕長であり、

■自衛隊の運用体制および統合幕僚長と陸上・海上・航空幕僚長の役割

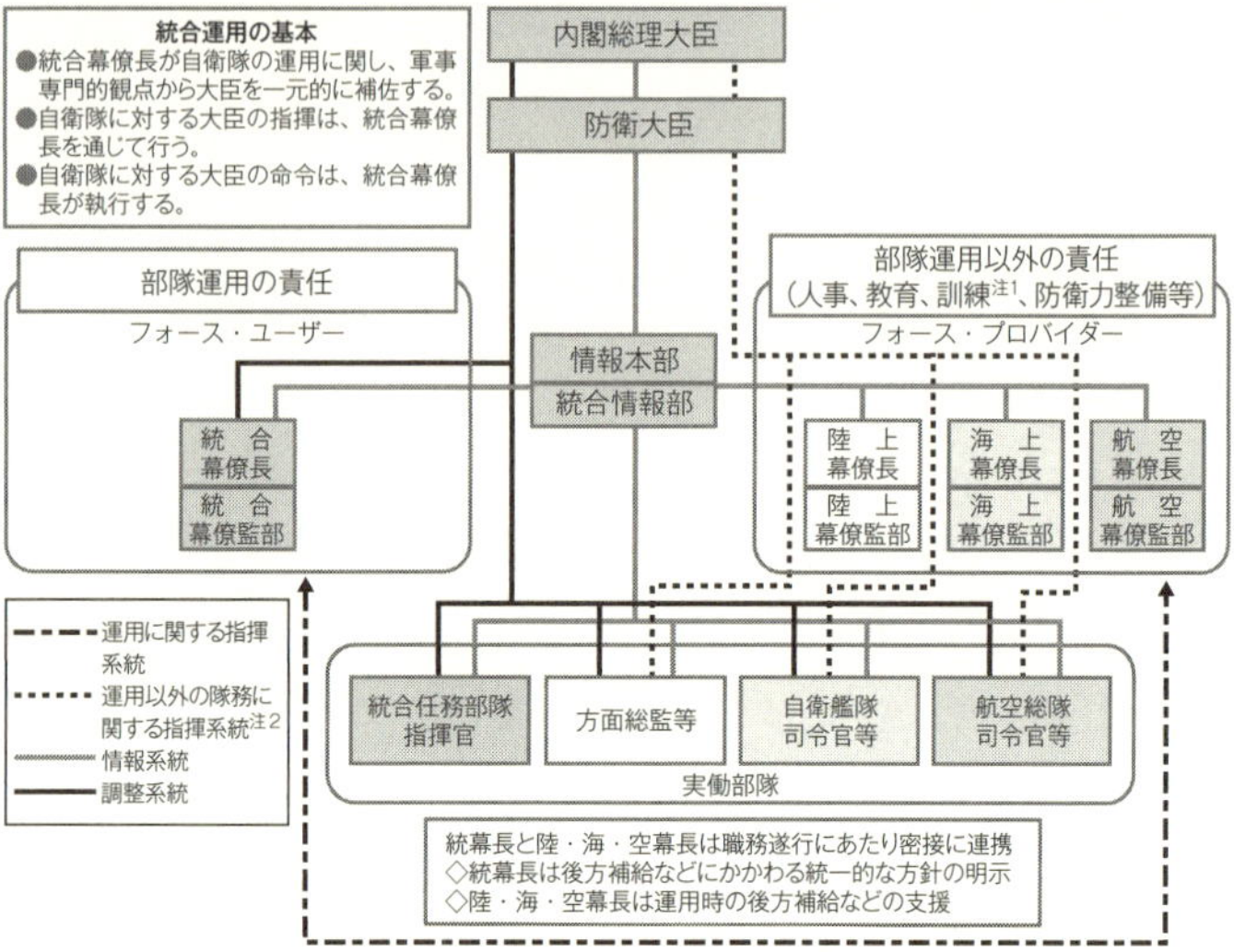

注1：統合訓練は統合幕僚長の責任
注2：「統合任務部隊」に関する運用以外の隊務に対する大臣の指揮監督について幕僚長が行う職務に関しては、大臣の定めるところによる。

（「平成25年版防衛白書」より）

陸幕長はフォース・プロバイダーとして「統幕長の命令に応じて措置する」ことが職務なのである。そして陸幕長の専管事項は、陸上自衛隊の防衛力整備、人事と兵站、教育訓練なのだ。

いくら事前に、統幕長に向かって「部隊を集めます！」と宣言したとはいえ、本来、陸幕長の私が統幕長の命令を受けずに「部隊を出せ！」と言うことはできない。それを承知の上で、五方面総監に「出せ」と指示をした。運用違反を追及された時のことを考えれば、「出せ」ではなく「出す準備をしろ」と言えばいいのだが、私は躊躇なく「出せ！」と命じた。なぜか——。

夕暮れが迫り、日没まであと数時間し

かなかった。幹部も隊員も帰宅する時間になる。帰宅したあとの呼集は非常に手間暇がかかる。しかも、運用方針によれば、統幕はまず「どの部隊を出せるか」「どれだけ出せるか」を各方面隊と調整する必要がある。その調整だけで一晩過ぎてしまうだろう。つまり、初動の一時間遅れが被災地到着・人命救助に一日、二日の遅れを生み、結果的に「生存可能性が高い七十二時間」を超えることを恐れたからだった。

運用違反、規律違反の批判を招いた際には腹をくくる覚悟をしていた。頭の片隅では、かつて「超法規発言」で統合幕僚会議議長（現在の統合幕僚長）を解任された栗栖《くりす》弘臣《ひろおみ》・第十二代陸上幕僚長の記者会見での発言を思い起こしながら、自らの「辞任の弁」も考えていた。自分でも驚くほど冷静だった。

「即動必遂」過去の教訓を活かす

「天は無辜《むこ》なる人々にこんなひどい仕打ちをするのか！」

地下の陸幕指揮所から十四階の大臣室に向かって階段を駆け上がる途中、憤りが沸々と湧いてきた。自衛官は防人《さきもり》である。正直に言うと、私はバリバリの国防の任に燃えて防大に入ったわけではなかった。任官当時にはそれほど強い使命感があったわけではない。だが、日々の訓練と生活の中で「われわれが国を守る」との意識と信念が頭のてっぺんからつま先まで染みついてきた。自衛官はそのために国の予算を使い、一朝有事に備えて退官するまで訓練を続けている。それが防人としての職業的義務だからである。

自衛隊法第三条第一項に「我が国の平和と独立を守り、国の安全を保つため、直接侵略及び間接侵略に対し我が国を防衛することを主たる任務とし、必要に応じ、公共の秩序の維持に当たる」と明記されている。自然災害も、国の安全への「大きな脅威」である。敵となる自然の脅威との「戦」にも負けてはならない。

陸海空自衛隊の中で、陸上自衛隊は特に災害派遣の任務が多い。最初のころは「支援」的災害派遣だったが、「陸上自衛隊でなければ対処できない」ような災害が積み重なり、「大規模災害は陸上自衛隊が中心となって対処してきた」という歴史がある。

私自身も、中部方面隊第十師団長として名古屋赴任中に「能登半島地震」を経験した。二〇〇七年（平成一九年）三月二十五日午前九時四十一分、防衛大学校幹事（副校長）への人事異動のため、官舎で妻と二人で転勤前の荷造りをしている最中だった。官舎がかなり揺れた。震源地が近ければ大したことはないが、名古屋から遠い場合は現地はひどいことになっている。テレビをつけると、能登半島M6・9、震度六強と出ていた。地震の規模は東日本大震災の大きさには比べようもないが、警備担当部隊の山之上第十四普通科連隊長に

「すぐに出動しろ！　能登方面に向かえ！」と命令し、同時に、石川県知事と連絡をとるように指示した。

この時も、越権行為・フライングの批判を覚悟の上、県知事の災害派遣要請が出る前に自衛隊法第八三条二項に基づく「自主派遣」を決行し、偵察ヘリ、偵察部隊を飛ばして情報収集をしたのである。自衛隊の災害派遣は「都道府県知事等の要請に基づき防衛大臣が命令する」（自衛隊法第三八条）。しかし、緊急事態時にはその手続きが遅れ、救える命を救えないという禍根を残すことがなかったわけではない。能登半島地震の時も、今回の東日本大震災の時も、阪神淡路大震災（一九九五年＝平成七年＝一月一七日）の際の「自衛隊派遣が遅れた」という批判が頭をよぎった。当時は「都道府県知事等の要請がなければ絶対に派遣行動はできない」との考えが世間の主流だった上、「自主派遣」の基準も不明確だった。したがって、緊急を必要とする際の初動は、「訓練」や部隊長の命令で可能な「近傍《きんぼう》派遣」の名目で行っていたが、阪神淡路大震災の初動不十分の反省から「自主派遣」の基準が明確化された。

また、陸幕長を拝命する前の中部方面総監時代（二〇〇八年＝平成二十年＝三月から二〇〇九年三月）に、「東南海地震の研究」に加わったことも今回の「即動必遂」の決断・実行の役に立った。当時、研究対象とした「東南海地震」は二件。一九四四年（昭和十九年）年十二月七日に発生した東南海地震（M7・9）では、軍需工場等を中心に死者千二百二十三人の被害を出した。三重県沿岸を十mの津波が襲ったが、戦時下のため当時は一切報道されなかった。また、一九四六年（昭和二十一年）十二月二十一日の昭和南海地震（M8・0）でも死者は千四百四十三人。太平洋沿岸に津波が襲来し、高知県では高知市、中村市（現、四万十《しまんと》市南部）などが水没した。研究会の時に見た当時の津波災害の現場写真が脳裏をよぎった。

阪神淡路大震災、能登半島地震、東南海地震の研究――この三つの体験によって、常々部下に言い続けてきた「即動必遂」の方針を実現できたのだと思う。

部下によく指導してきたことの一つに「知識」の修得は創造力、判断力の源であり、自らの体験からのみ得られる「知恵」の修得は、決断力の源であるということを改めて思った次第だ。「即動必遂」は、読んで字のごとく、国の平和と独立が侵されるような事態が生じたら、すぐに動き、任務を必ず完遂するというものである。「戦」はいつ起きるかわからない。「戦」の匂いを感じたら、まず動く。そのためには、常日頃から、「戦」に対する感覚を研ぎすまし、命令があれば直ちに出動できる体制にしておかなくてはならない。訓練、装備、人員、連絡……全て「即動」の体制をとっておくことが肝要だ。

「すぐに出ろ！」と命じたのは、東北方面隊二万人をはじめ、第十二旅団（東部方面隊＝群馬県榛東村）、第十師団（中部方面隊＝名古屋市守山）、第四師団（西部方面隊＝福岡県春日市）、第二師団（北部方面隊＝北海道旭川市）、第四施設団（中部方面隊＝京都府宇治市）、第五施設団（西部方面隊＝福岡県小郡市）。

「出発は用意でき次第直ちに。一晩かけて走れば翌日には現地に着く」と命じた。その日のうちに出発しなければ「即動」にならない。

次に大切なことは任務を完遂する持続力だ。「戦」は図上の作戦通りに終わるとは限らない。どれだけ日数がかかるかわからない。初動、持続力をもって対処し、そして任務を完遂する。

「迷うことはない。われわれはあの時と同じ批判を浴びるわけにはいかない」

阪神淡路大震災の時の批判を反芻《はんすう》しながら、私は十四階の大臣室までの階段を駆け上がった。

自衛隊史上最大の作戦開始

十五時三十分、十四階の大臣室で「省対策会議」が開かれた。隣に座った折木良一統幕長に、「各方面隊に部隊を準備させましたから、統幕から命令を出してください」と伝えた。

会議では北澤俊美防衛大臣から、「総理（大臣）から自衛隊は最大限尽くすように」との指示と報告があった。私は大臣に「陸自はすでに動いています。派遣部隊を指示しました」と報告した。

シビリアンコントロールに厳しい北澤大臣だったので「部隊を勝手に動かした」ことを咎《とが》められるかと覚悟したが、それはなかった。のちに知ったことだが、防衛省の内局あたりが私の行為を「越権行為」として後日、調査検証したようである。しかしあの時は、「被災者救助に向けて最大限の行動をしよう」という暗黙の了解があったのだと思う。

大臣からは「二万人ぐらい出せますか」と打診された。「もう出ています」と答えた。その後ほどなくして「五万人は出せますか」と聞かれ、「それぐらいは出せますが、各方面隊を全く空にするわけにもいきません」と答えた。やがて統幕長が「十万人出せる」と大臣に報告し、それを聞いた首相官邸サイドが「十万人体制」と言い出した。私は「陸上自衛隊だけで十万人は出せませんよ」と統幕長に苦言を呈した。なぜなら、各方面隊は東北の災害だけに対処しているわけではない。各方面隊として防衛体制は一時たりともゆるがせにできない。そのための所要戦力も残しておかなくてはならない。災害派遣が長期戦ともなれば、派遣部隊の交代も考えなくてはならない。陸幕としては、全国の防衛警備のバランスを常に考慮しておかなければならないからだ。そのため中部の第十三、第十四旅団には待機を指示し、北方の第五旅団にも様子見をさせ、直ちに出ろとは指示しなかった。ところが、十万人体制の話が先行し、第十三、第十四旅団を増加派遣せざるをえなくなった。十万人体制の内訳は陸七万、海空合わせて三万だが、被災現地に入るのは陸自がほとんどだから、瞬間的には陸自だけで十万人は可能としても、長期は無理だ。

しかも、被災地に派遣する人数が十万人である。後方支援・残留部隊を含め、直接・間接に災害派遣にかかわる陸上自衛隊員は十四万人を超える。残留部隊は日々の職務を果たしながら、派遣部隊の仕事を引き継がなければならない。さらに細かいことを言えば、災害派遣された部隊と隊員には手当が支給されるが、残留部隊は、仕事は倍になっても手当は支給されないという「不公平感」も生まれる。

三月十一日十四時五十二分、「岩手県知事から災害派遣要請」が出された。以後、宮城、福島、茨城県知事等から次々と出された要請に基づき、防衛大臣が十八時「大規模震災災害派遣命令」（自行災命第三号）を発令、直ちに統幕長から「東日本大震災における自衛隊の災害出動に関する統幕長命令」が出された。発災から三時間十五分後、正式名称は、「東北地方太平洋沖地震における大規模災害派遣の実施に関する自衛隊行動命令」である。発令時刻は十八時だが、実際の部隊は私の指示通り直ちに出動準備をし、活動を開始していた。

この命令書の中には、状況説明と自衛隊の任務とともに、「以下の部隊がこれに当たる」と、各方面総監に指示した派遣各部隊名がそのまま明記されていた。もしも私が運用規則通りに行動していたら、これだけの短時間では発令できなかったと確信している。

全救助者の七十一％を担った自衛隊

菅直人首相は十四時五十分、「官邸対策室」を設置、十五時三十七分に「緊急災害対策本部」

を設置した。だが、政府・首相官邸の関心はこの後に起きた福島第一原発爆発事故に片寄り、地震または津波による被災者の救助や震災全体の災害対策については、官邸からの指示は極めて少なかった。これは関係者誰もが知る事実である。そして陸上自衛隊は、発災当日から二日目には東北方面隊二万人を投入し、人命救助活動に動いた。

災害派遣にあたっての陸上自衛隊の任務は通常、

㈠人命救助・行方不明者の捜索

㈡応急復旧（瓦礫《がれき》の取り除き、道路・橋などの復旧）

㈢避難者の生活支援、である。

東日本大震災では、この三本柱に加え、

㈣原子力災害対処

㈤日米共同作戦の遂行

が加わり「複合事態による二正面作戦」を強いられた。

しかも、通常の災害現場では、自衛隊の喫緊の行動は㈠の人命救助と㈢の避難者の生活支援が最優先される。そして時間の経過とともに㈡の応急復旧に力点が置かれるのが常だ。だが、大津波に襲われた瓦礫の下には大勢の要救助者がいる。今回の「戦」はこれら一連の作業を同時進行で行わなくてはならなかった。

大量の瓦礫やヘドロの下で身動きがとれない行方不明者を探すために、寸断・破壊された道路を補修し、仮の橋を架けて人や車が通れるようにし、瓦礫やヘドロを丁寧に取り除いて救出する「人命救助」と「応急復旧」を同時に進行する作戦。それが今回の災害派遣の特徴の一つだった。重機で強引に瓦礫を除去するような効率優先の荒々しい作業はできない。現場の自衛官は細心の注意を払い、心を込めた手作業の救出活動を続けたのである。

また、通常の災害派遣では公共的な場所を中心に災害復旧作業を行うが、現場はあの状態である。公共も私的もない。陸上自衛隊は南北五百㎞におよぶ被災地域全域にわたって復旧作業を行わなければならない。一つの現場から撤収し次の現場に移動しようとすると、「あとに残った作業は誰がやるのか」「自衛隊さん、引き続き頼みますよ」と自治体から強く要請された。東北方面総監の君塚君は、撤退する際に全地域を点検し、首長に「これでいいですか？」と確認するほど徹底した災害派遣業務を行ったのである。

翌十二日以降十五日まで、第九師団（青森駐屯地）、第十二旅団（相馬原駐屯地）、第十師団（守山駐屯地）、第二師団（旭川駐屯地）、第四施設団（大久保駐屯地）、第五施設団（小郡駐屯地）、中央即応集団（朝霞駐屯地）、が次々と到着、直ちに人命救助、行方不明者捜索を行った。次いで各方面隊で編成した生活支援隊と増加派遣の第五旅団（帯広駐屯地）、次いで第十四旅団（善通寺駐屯地）、第一高射特科団（東千歳駐屯地）および第十三旅団（海田市駐屯地）も十八日まで現地に入り、行方不明者捜索、被災者の生活支援にあたった。

発災から七十二時間後には三万人近い部隊が現地で活動を続け、三月十八日には「陸海空十万人体制」が確立した。

最後の生存者が発見された三月二十日までに、救助された被災者の総数は二万七千百五十七人だった。そのうち七十一％の一万九千二百八十六人を自衛隊が救助した。うち一万四千九百三十七人は陸上自衛隊によるものである。ちなみに発災後七十二時間以内に自衛隊が救出した人数は一万二千三百五十一人だった。

また、三十数万人の避難者の生活支援に関しては、陸上自衛隊として、二百十一ヵ所で給水支援、八十三ヵ所で四百四十八万三千二百四十五食の給食支援、四十八ヵ所で百四万四千二百七十五人の入浴支援を行った。医療チームが治療を施した患者数は二万二千六百五十三人、自衛隊の輸送力を活かして全国の民生支援物資一万三千九百六トンを被災地に運び、陸上自衛隊の備蓄燃料二百キロリットル（ドラム缶一千本分）を提供した。

陸上自衛隊災害派遣の概要

東日本大震災では、陸上自衛隊＝五個師団、四個旅団、航空機約百機、人員七万人、海上自衛

隊＝艦艇約六十隻、航空機約二百機、人員一・四万人、航空自衛隊＝航空機約二百四十機、人員二・二万人に及ぶ史上最大の戦力集中と、二百九十一日間におよぶ長期にわたる作戦を実施した。また地震・津波災害と原子力発電所事故への複合事態への対応となり、二正面作戦を強いられた。さらに日米共同作戦が加わり、しかも同時進行の形で進められていった。派遣規模、期間、津波災害、原子力事故対処、日米共同作戦等いずれも初めての経験ばかりであった。

自衛隊の派遣規模は三月十三日には五万人を超え十八日には十万人超の能力となり、最大時で約十万七千人（即応予備自衛官および予備自衛官を含む）、航空機約五百機、艦艇約五十隻に上り、全力を挙げて対処する態勢になった。

この中で陸自は、岩手県北部に第二師団（旭川）、南部に第九師団（青森）、全般支援として第四施設団（宇治）を配置して人命救助、行方不明者捜索、応急復旧活動を行うとともに、第七師団（東千歳）・第十一旅団（真駒内）生活支援隊をもって避難者の生活支援にあたった。

宮城県においては南三陸町以北の北部地域に第四師団（福岡）、石巻市～仙台市までの中部地域に第六師団（神町）、第十四旅団（善通寺）、第五旅団（帯広）、名取市～山元町までの南部地域に第十師団（守山）を配置、全般支援として第一施設団（船岡）を配置して人命救助、行方不明者捜索、応急復旧活動を行った。生活支援隊も宮城北部地域に第二師団（旭川）・第五旅団（帯広）生活支援隊を、宮城中部地域に第三師団生活支援隊（千僧）を、宮城県南部地域に第八師団

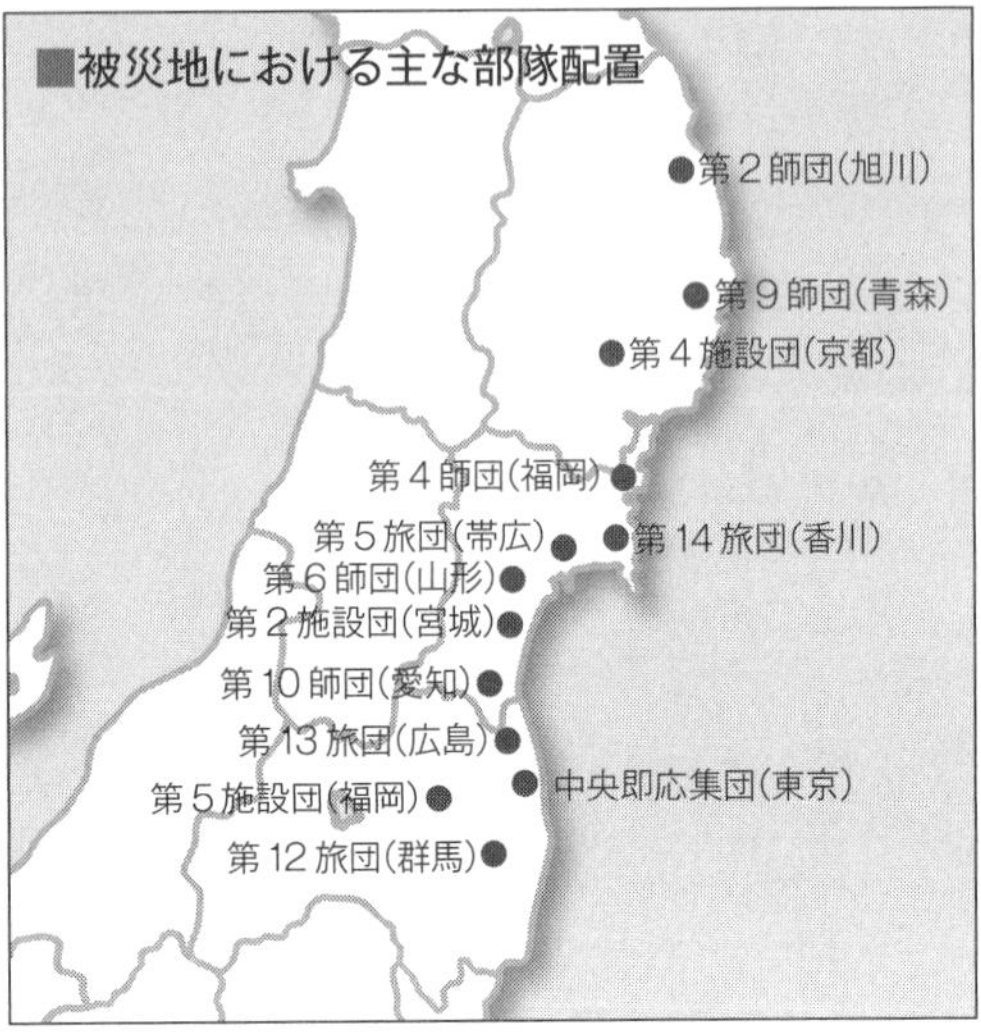

■被災地における主な部隊配置

生活支援隊（北熊本）を配置して避難者の生活支援にあたった。

　福島県については第十二旅団が避難者の輸送、第一原発半径三十㎞圏内の在宅避難者の生活支援にあたるとともに、東部方面生活支援隊（朝霞）が避難者全般の生活支援にあたった。また福島原子力発電所事故への対応には十四日以降、中央即応集団（ＣＲＦ）が対処した。

　発災から約一週間後の二十日以降、人命救助者はなくなり、人命救助を主体とする応急救援活動から、行方不明者捜索、生活支援を主体とする応急復旧活動に重点を移行した。

　その後、第一高射特科団、第十三旅団も増強され、生活支援隊も十五旅団生活支援隊（那覇）を増強し、宮城県石巻地区に配置した。この態勢で行方不明者の捜索、避難者の生活支援（給食、給水、入浴支援）を行っていった。さらに、おびただしい数のご遺体に対する検視、輸送、保管、埋葬など一連の行政処置が遅延していたこともあり、ご遺体搬送、埋葬支援も合計二千四体行った。また行方不明捜索においては瓦礫除去と併行しての活動になり、法に照らしつつ視察者の心情にも配慮した丁寧なご遺体の収容にあたった。最終的には陸上自衛隊だけで八千四百十六体（自衛隊で九千五百五体、全体一万五千八百四十四体）のご遺体を収容した。

この間、米軍とは「トモダチ作戦」として、米太平洋軍を主体に共同作戦を行い、海上における集中捜索、救援物資の輸送、仙台空港の機能回復、気仙沼大島の復旧活動などを四月七日まで実施した。四月八日以降在日米陸軍を主体に、集中捜索への参加、ＪＲ仙石線の瓦礫除去、公共施設の清掃、シャワー支援、音楽演奏活動等を実施した。

原発事故対応として中央即応集団が化学科部隊の一部を含め指揮し、部隊および住民の除染、給水および放水冷却活動を実施し、第十二旅団等の部隊が住民避難および誘導を実施した。

第一原発では、東京電力が準備したコンクリートポンプ車による継続的な淡水の放水態勢が整うまでの間、三月十七日空中放水、同日から二十一日までの間、陸・海・空自衛隊消防隊（放水冷却隊）による地上からの放水冷却を実施した。第一原発から半径三十㎞圏の外縁では中央特殊武器防護隊による除染所の運営、放射線のモニタリングおよび第十二旅団による人員・物資等の輸送活動を実施していた。

三十㎞圏内では三月十五日以来、行方不明者の捜索は事故により立ち入りが制限されていたため中断していたが、四月八日から空中放射線量が低減化したことを確認し、第十二旅団、第一空挺団などの部隊を再編し、当該地域の行方不明者の捜索を再開した。さらに五月三日に福島郷土部隊（第四十四普通科連隊および第六特科連隊）も加わり、二十㎞圏内の行方不明者捜索、瓦礫除去を六月八日まで実施した。

五月に至ると岩手、宮城両県の行方不明者捜索も一定の目途がつき、態勢を縮小する準備に入っていった。五月九日、災害派遣十万人態勢を縮小する大臣命令が発せられ、五月中に陸災部隊は七割程度に、海・空部隊は五割程度に縮小することとなった。これにともない、岩手、宮城両県では、第二師団、第四師団、第十師団等の他方面から駆けつけた部隊が五月中旬以降生活支援隊を残しつつ逐次撤収していった。福島県では六月八日、原発三十㎞圏内の行方不明者捜索が終了したことにともない、六月十三日第十三旅団が、六月二十四日第十二旅団が撤収していった。

被災地では東北方面隊が他方面の生活支援隊を指揮し生活支援にあたるとともに、一部の地域に限定していた行方不明者の捜索も目途が立ち、海空自衛隊と統合する運用の必要性が低下しているとの判断から、七月一日に災統合任務部隊の改組が命じられ、部隊は勢力を縮小し、平素の警備区域を基本とする態勢に復していった。

その後、七月二十六日に岩手県が、八月一日に宮城県が災害派遣の撤収要請を行い、両県の災害派遣は終了した。福島県も八月十一日発災五ヵ月の節目に復興ビジョンが定まり、入浴支援も残すところ一ヵ所のみになったところで、防衛省、統幕は八月三十一日、自衛隊としての大規模

■東日本大震災における戦力集中

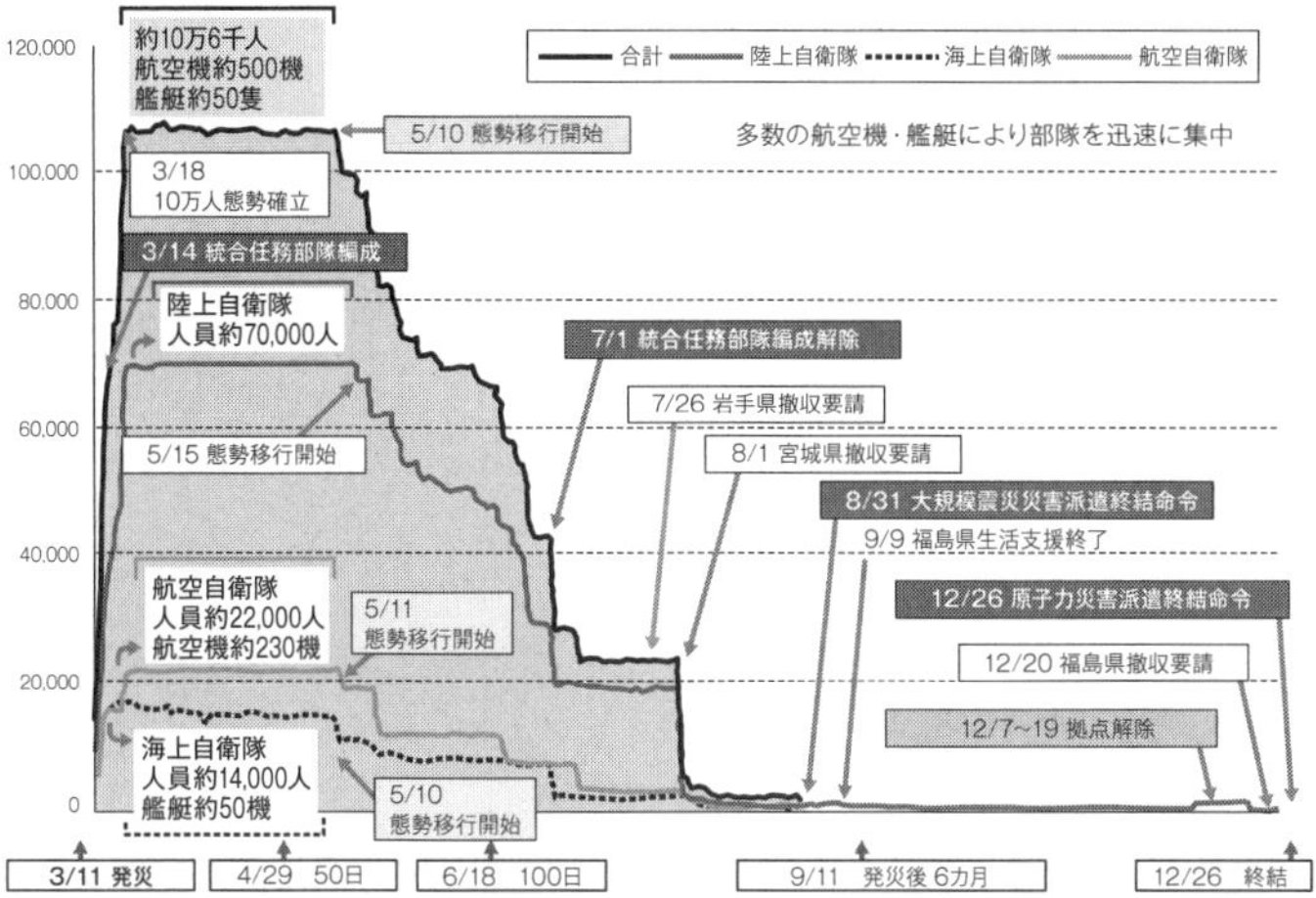

災害派遣を終結させた。事後は第六師団が福島県知事の派遣要請を受け、入浴支援等を実施していたが、九月九日をもって福島県知事の要請でこれも終了した。

他方、原子力災害派遣については、中央即応集団が警戒区域内への住民の一時立ち入りのための除染支援や、災統合任務部隊が住民避難支援および誘導等の待機態勢を維持していたが、七月二十日、防衛省、統幕は中央即応集団としての原子力災害派遣終了を命じた。事後は原子力災害派遣の管轄は東北方面隊の第六師団に移され、除染の実施を行ったのち、十二月二十六日、政府の原子力災害派遣撤収命令を受け、全ての災害派遣は終了した。

八月五日、私は退官したので最後まで見届けることはできなかったが、以上が東日本大震災における陸上自衛隊の災害派遣のあらましである。

自衛隊初の「災統合任務部隊」編成

三月十一日の発災から十三日までは、陸・海・空自衛隊が協力しつつ独自に災害対応していたが、十四日からは陸・海・空自衛隊の一元的な統合運用のため、陸上自衛隊の東北方面隊を中核とする「陸自災害派遣部隊」、横須賀総監を指揮官とする「海自災害派遣部隊」、および航空総隊司令官を指揮官とする「空自災害派遣部隊」を編合し、「災統合任務部隊（ＪＴＦ東北）」が編成された。また、原子力災害派遣には、陸上自衛隊の中央特殊武器防護隊を中核とする陸・海・空の要員を含めた「中央即応集団（ＣＲＦ）」司令官を指揮官とする原子力災害派遣実施のための部隊を編成した。

「戦場」だから当たり前だが、実際の被災地では次から次へと予想外の事態が発生する。その処理・対処において陸上自衛隊は多くの貴重で新たな経験を重ねた。ＪＴＦ東北（Joint Task Force-TOHOKU）も自衛隊にとって初めての経験だった。

三月十二日、統幕長から「統合任務部隊を作りたい。協力してくれ」との打診があった。もちろん賛成であるし、そういう体制が必要だとは思っていた。だが、実際には「災統合任務部隊」

が「統合司令部」として十分に機能したかといえば、そうとは言えない。それには自衛隊の組織上の理由がある。

「JTF東北」の問題点と改善点

ＪＴＦ東北が「統合司令部」として十分に機能したとは言えない理由を説明しておく。

災害出動のレベルでいえばＪＴＦ東北は「陸海空のゆるやかな統合」で十分任務を果たせたのかもしれない。百点満点の百点だったかもしれない。

しかし、有事の際、統合司令部を設置し有効かつ迅速に運用するためには、陸・海・空自衛隊から多くの幕僚を配置し、権限を持たせ、「現地統合司令部が全隷下部隊に命令する」という体制を敷かなければならない。そのためには、陸・海・空自衛隊は統合任務部隊に権限のある幕僚を送り、その幕僚たちが作戦を練り、必要な部隊・装備品を差し出し、現地の部隊に対して「どこどこを一斉捜索せよ」とか、「救援ヘリを何機出せ」とか命令しなければ、本当の意味での統合任務部隊とは言えないのではないか。だが、ＪＴＦ東北の場合、海自、空自から送り込まれた人材は幕僚ではなく、連絡幹部（ＬＯ＝Liaison Officer）だったのである。これでは強力な統合司令部体制はできない。

■東日本大震災統合任務部隊（JTF 東北）の編成（3/14 ～ 7/1）

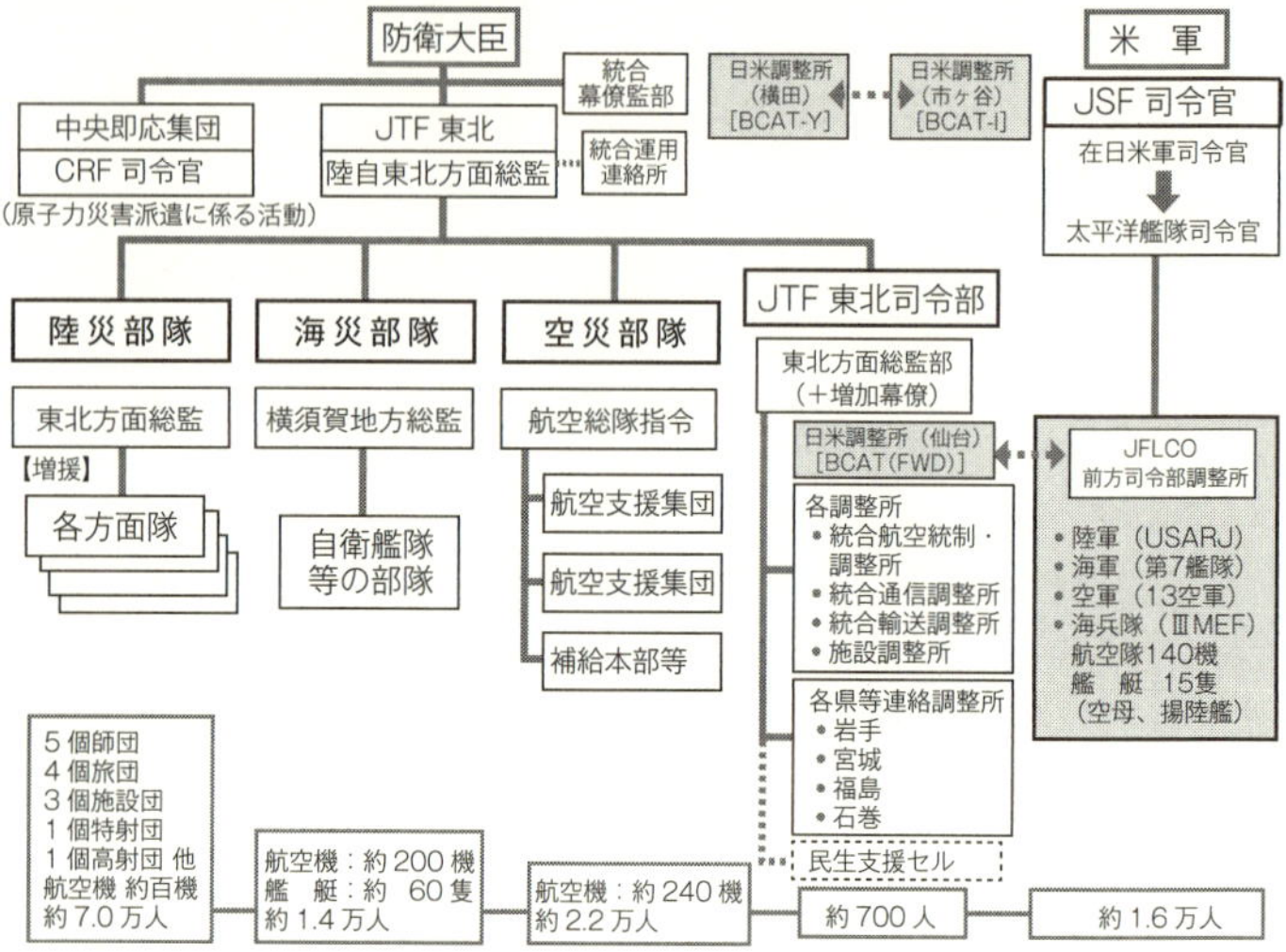

しかも、ＪＴＦ東北の指揮官である東北方面総監の君塚君は「陸災部隊」の指揮官を兼ねる。「海災部隊」の指揮官は海上自衛隊の横須賀地方総監、「空災部隊」の指揮官は航空自衛隊の航空総隊司令である（図参照）。

つまり、陸自の方面総監の下に海自の地方総監や空自の総隊司令が配置され、実際には「統合運用連絡所」に常駐する自衛隊のＬＯが君塚君の指示命令を受けて、それを横須賀地方総監、航空総隊司令官に伝えるという形だった。史上初めての試みとはいえ、自衛官の感覚では、このような体制では「これをやれ！」というような強い命令ができない。「これを、やってくださいよ」というような感じになる。したがって、「強力な統合司令部」ではなく、「ゆるやかな統合司令部」にならざるをえないのである。

有事の際の「統合司令部」の必要性を実感しているのは陸自だけでない。海自・空自も同じである。二〇〇六年（平成十八年）に「統合幕僚長」と「統合幕僚監部」が設けられる前は、自衛隊の指揮・整備・運用は、陸自は陸幕長、海自は海幕長、航自は空幕長と別々に行われていた。しかし、統幕長の設置によって防衛大臣の補佐が統幕長に一元化され、迅速な有事対応ができる統合運用態勢が現実化したのだ。

統幕長は「統合部隊の運用に係る防衛大臣の指揮は統合幕僚長を通じて行うものとし、これに関する防衛大臣の命令は統合幕僚長が執行する」となっており、「統合部隊指揮官」的役割と「自衛隊の運用に関する軍事的見地からの大臣の補佐を一元的に行う」とあるように、筆頭幕僚としての役割もある。統合任務部隊が編成された場合、統幕長はこの役割を遂行するためには適時適切な判断、決心が求められ統合任務部隊を指導していかなければならない。しかし、統幕長の仕事は防衛大臣の補佐役として、政府との連絡調整に多くの時間を費やさざるをえない。これでは有事の際、総司令官として適確な情報収集・分析・対処を同時進行で行い、迅速な判断命令を下す役割が機能しない恐れがある。

戦前の旧日本軍は「軍令」と「軍政」とが分かれていた。「軍令」とは軍隊の指揮・運用に関する事項であり、「軍政」とは軍事力の建設・維持に関する事項である。

自衛隊の現在の制度でいえば、陸海空の幕僚監部はその「軍令」事項をフォース・ユーザーである統幕に預けた形になっている。陸海空の幕僚長はフォース・プロバイダー。しかし統幕は、陸・海・空の部隊や陣容の全てを熟知しているわけではない。その上、統幕（長）は「軍政」に時間とエネルギーを割かなければならないことが多く、「軍令」にかかわる時間を捻出することが難しいのが現実なのだ。

今次の震災においても、統幕長はひっきりなしに首相官邸に呼ばれるので、陸海空三幕僚長と顔を合わすのは省会議の時ぐらいだった。また、陸海空の幕僚監部も「軍政」業務が結構多いのが実状である。

これを補佐するのが統合幕僚監部であるが、現在の編成、規模では十分とは言えない。統合幕僚監部は、陸・海・空幕僚監部から移管・集約した各自衛隊の運用に関する機能を担って作られたはずだが、財源的諸事情もあり不十分なままスタートした感がある。今回の大震災では、私は統幕の機能が不十分ということが理解できていたので、陸上幕僚監部の運用支援情報部には、しっかり統幕を支え統幕と一体となって行動するようにと当初から強く指導した。統幕の検討を待っていたのでは、時宜を失するような恐れもあったので、積極的に陸幕から統幕に働きかけるようにした。大臣補佐として統合幕僚監部とは違う「統合司令部」を作っていくのが理想だが、実現性の観点から難しいと思われる。現在の統幕の編成を見直し、まず規模の増強を図ることが必要である。

また、私が陸幕長としての地位を逸脱して、五個方面隊に指示して陸上総隊司令官的行動をとらざるをえなかったのは、全陸上自衛隊を指揮する「陸上総隊」がなかったからである。これについては「二五大綱」（二〇一三年十二月）により、「陸上総隊」の新編成が盛り込まれたことは、大変喜ばしいことである。しかも、機動が海・空自衛隊に比べて鈍重なる陸上自衛隊が、方面管区制の利点を残したまま一元的に運用できる態勢にすべきと考えていたが、実現の方向に向かっている。

陸幕長である私が、クビを覚悟で各方面隊に対して具体的な部隊派遣を命じる「陸自総隊司令官」的な行為をしたのは、「誰かがやらなくてはならない」「やるのは今でしょう」と確信したからである。事が起きてみないと問題の大きさは分からないのだ。反対が多かった「陸上総隊」だが、発災直後の私の行動を評価し、内局や政府への説得材料の一つとして使っていただいたものと思料する。クビを覚悟して後輩に示すことも無駄ではなかったと改めて思う次第だ。

予備自衛官に出頭命令

自衛隊史上初めての「予備自衛官の招集」も「即動必遂」を実行する作戦の一つだった。

どこの国でも「軍隊は、いざという時に必要となる防衛力を、急速かつ計画的に確保するため」に予備役制度を設けているが、自衛隊にはそれに代わるものとして予備自衛官制度がある。発災翌日の十二日、松村人事部長が「予備自衛官の招集も考えてみましょうか」と言ってきた。「厳しい現場なので来てくれるかどうか」と思ったが、「調査してみてくれ」と指示した。

予備自衛官には、㈠即応予備自衛官（即応予備）、㈡予備自衛官、㈢予備自衛官補という三つの制度がある。いずれも、ふだんは社会人や学生としてそれぞれの職場や学校に通いながら、自衛官として必要とされる練度を維持するために訓練に応じる義務がある。㈢の予備自衛官補の義務は教育訓練だけだが、㈠の即応予備と、㈡の予備自衛官は、防衛招集や災害招集などに応じて出頭し、自衛官として活動する義務を負う。

また、即応予備自衛官には、防衛招集・国民保護等招集・治安招集・災害等招集・訓練招集（年間三十日）の応招義務がある。第一線部隊の一員として現職自衛官とともに任務につくため、対象者は退職後一年未満の元自衛官に限られ、定年退官者は即応予備自衛官にはなれない（予備自衛官にはなれる）。

ちなみに即応予備には月一万六千円の手当、勤務先への月四万二千五百円の雇用企業給付金が支給される。一方、予備自衛官は即応予備の応招義務のうち治安出動に関する応招はなく、任務地も第一線部隊ではなく、駐屯地警備等の後方地域で手当は月四千円と決まっている。

調査をしてみた結果、十三日、かなりの数の即応予備自衛官・予備自衛官が災害派遣を希望していることが分かり、十四日に招集命令を決裁した。予備自衛官の招集には閣議決定が必要である。そこで、十六日の閣議決定を受けて、私が招集命令を出した。「出頭要請」ではない。「出頭命令」である。自衛隊にとって訓練以外で初めてのことである。命令は、ハガキとか電話ではなく、自衛隊地方協力本部（地本）の人事担当者が本人に直接会って出頭を命じた。

当時、即応予備自衛官は陸海空合わせて八千五百名、予備自衛官は四万七千九百名いたが、出頭してきた即応予備自衛官は二千百七十九名、予備自衛官は四百四十一名。活動実績は延べ、即応予備自一万九千六十人・日、予備自三千八百五十九人・日であった。これも自衛隊六十年の歴史に残ることだ。

知恵を絞って民間の物流を確保

自衛隊が備蓄している燃料の民間転用、民間会社への協力要請などにも柔軟に対応した。当初は、現場判断で燃料不足で困っている民間に「好意」という名のヤミで渡していた部隊もあったと聞くが、十五日の省対策会議で陸自の意見具申による「民間転用」が正式に認められたため、宮城県の多賀城燃料支処から避難所などにガソリン、軽油、灯油などの燃料補給がなされた。

少し変わったところの話だが、経産省、資源エネルギー庁からの依頼があった。「民間のタンクローリーが三十数台郡山インターの近くに鍵を付けたまま放置されている。陸上自衛隊が被災地まで運転してもらえないか」ということだった。どうやら資源エネルギー庁が調達したタンクローリーが原発事故の影響でドライバーが郡山まで運転していったものの、それから先は怖くなり逃げたようだ。逃げるドライバーも然りだが、要請してくる資源エネルギー庁も如何なものかと思った。しかし、被災地は困っているだろうから何とかできないか検討してみることにした。

道路交通法によって、車両重量が七百五十kg以上のタンクローリーは大型自動車・牽引免許、危険物取扱者の資格がなければ公道を運転できない。大型免許や牽引・特殊免許を持っている隊員は多いが、陸上自衛隊でもガソリン・軽油・灯油など危険物取扱者四種の資格まで持っている者は少ない。結局このタンクローリーの輸送は、全ての免許を保持している者がいなかったため、一部しか実施できなかった。

どうしたらスムーズな民間転用が可能になるか検討の末、「危険物取扱資格を必要としないドラム缶で運搬したらどうか」ということになった。そこで省対策会議で「どこかにドラム缶はないか」と聞くと、技術研究本部長が「北海道の技術研究本部にたくさんある」と言う。即刻、千歳の技術研究本部札幌試験場に手配し、大量のドラム缶を多賀城駐屯地に運び、臨時の燃料補給所（ミニSS）で、ドラム缶一千本、二百キロリットルの燃料を補給することができた。

ＪＴＦ東北は、被災者に何が必要か、何が要求されているかを調べる「御用聞き隊」を組織した。例えば、女性独自の下着だとか生理用品だとかは女性自衛官が聞き出すなど、きめ細やかな対応をした。「御用聞き隊」が集めた情報を取りまとめ、政府に報告し、それぞれの省庁で調達して物流センターに運ぶ。日時の経過とともにこうした仕組みが生みだされて機能していった。「みちのくアラート」では、こうした場合の対策も立てていたが、それは東北方面隊を中心とした方面規模での想定。これほどの大規模・多方面にわたる計画や仕組みは防衛省・自衛隊としてはもちろん、政府としても用意、検討されていなかった。原発事故と同じで「まさか、ここまでは」という「安全神話」に基づく「油断」が前提としてあったのではないかと思う。

民間の物流も担うなど現場の自衛隊員達は各方面で本当によく働いたと思う。だが私は、そのことを手放しで喜ぶことはできない。なぜなら、自衛隊の本来業務ではない任務がありすぎたからである。

今回の大災害は有事であり「戦」だった。しかし、災害出動任務だけならいざ知らず、安全保障がからむ軍事的有事となったら、自衛隊がこれだけの民間支援をすることは不可能なのだ。有事には銃弾や砲弾の補給など、戦闘用の武器弾薬等の補給という本来業務がある。

災害派遣中、私がずっと懸念していたのは部隊の配置である。例えば、東海・北陸・近畿・中国・四国の二府十九県の防衛・警備・災害派遣を担当する中部方面隊は、事実上もぬけの殻状態だった。もし、福井原発あたりで原発事故とか地震とか、あるいは外敵からのテロなど不測の事態が起きたら、国土防衛の任務を十分に果たすことができただろうか。背筋が寒くなる思いだった。九州・沖縄を担当する西部方面隊もかなりの部隊を東北に派遣していたので、南西諸島で何かが起きた時に十分な対処ができなかったかもしれない。つまり、複合事態が生起した場合、今の陸上自衛隊では不十分ということを痛感した。

災害派遣の三要件は、㈠緊急性、㈡公共性、㈢非代替性である。災害派遣における自衛隊の運用は、緊急性、非代替性の観点を優先すべきだろう。つまり、自衛隊でなければできないことを最優先させるべきで、自衛隊でなくてもできることは他の省庁、自治体を含め、国としてシステマチックに運用できる仕組みを平時から準備し、それを実行するための方策と現場力を付けるべきであろう。

生活支援のための食料、燃料の輸送、医療、ご遺体の埋葬など各省庁の所掌分野に関して何の計画もなく、何の準備もなく、そして根拠法もなく、「自衛隊さん頼みます」では、国家の安全保障体制としてあまりに脆弱《ぜいじゃく》すぎる。「わが国の平和と独立を守る使命」を持つ自衛官は命令を受ければ行動するが、今後も「想定外」の出来事はいつ、どこで起きるかもしれない。史上最大の作戦にかかわった者として、今回の教訓を糧に、法制度上、予算上の措置を見直し、国民の命と国土の安全を守る体制をきちんと作ってほしいと願うばかりである。

被災者に食事を分ける隊員達

話を災害現場に戻そう。地震発生の三月十一日から一週間は、超多忙を極めた。私はもちろん、多くの幹部はずっと省内にいた。私は庁舎四階の執務室に屋外用の仮設ベッドを置き、そこで仮眠をとった。帰宅できないわけではなかったが、連日連夜、緊急会議、省会議、陸幕会議、報告・連絡・相談、検討・決裁事項とか、次から次にいろんなことがある。副官や庶務室員には迷惑をかけたが、「即応」するには防衛省に常駐していることが最善だった。

自衛隊に対しては、依然として世間の厳しい見方もある。現場視察の折に、隊員達には「謙虚に黙々と行動しろ」「間違っても、任務完遂後にガッツポーズなどするな」と訓示したが、被災地の姿は本当に厳しかった。海岸線は瓦礫の山。三陸の全ての海岸は、まるで艦砲射撃が着弾した跡のように茶色に染まっていた。

のちに現地視察した米陸軍の将校も、「イラク、アフガンなどの戦場で空爆現場、激戦現場を見たが、これほどひどいケースはなかった」と唖然としていたほどだった。あの恐怖と寒さの中、救助を待つ被災者の方の苦しみは想像を絶する。そして、一刻も早く救い出そうと全身全霊をつぎ込んだ隊員達にも頭が下がる思いだった。食事は缶詰、風呂なしゴロ寝、そして作業は過酷である。

夜明けから日没まで、泥だらけ、汗まみれの作業が続く。どんなに泥まみれになろうが着替えはない。戦闘服は着たままだ。私物の下着も二〜三枚ぐらいしか持って来ていない。一日の作業が終わって宿営地に戻る時には全身泥だらけだが、洗濯もできない。汚れた顔や手をティッシュペーパーで拭き、泥を払い落としてそのままゴロ寝する。そんな過酷な任務が発災後十日以上続いた。

隊員の食事を確保するために炊事車が装備されている。各国の軍隊がそうであるように、自衛隊は高い自己完結性を持っている。輸送・通信・医療・給食・給水・発電など、日常生活を送るために必要な装備と人員を持つ集団だ。派遣部隊も長期戦を戦うために、十分とはいえないかもしれないが当面必要な食料は携行していく。

しかし、三十万人もの被災者の方々は、乾パンのような災害非常食しか食べていなかった。「せめて暖かいものを食べてもらおう」と、自衛隊の炊事車を差し出し、被災者のために一日二回の炊き出しと給食活動を行った。発災から七月二十七日まで、陸上自衛隊は八十三ヵ所で五百万食の給食を行った。

「どうぞこれを食べてください」と、自分の食事を被災者に差し出す隊員も数多くいた。

部隊の管理者としては「それはいかん。しっかり戦ってもらうためには、十分に栄養補給しなくてはならない。被災者へのそうした個別の行為は慎むように」と注意をせざるをえなかったが、人間、疲れ切った被災者が目の前にいれば、自分だけ平然と暖かい飯を食べることはできない。給食を被災者にあげて、自分は非常食の缶詰ばかり食べている者もいたという。隠れるように、人目を避けて食べる隊員もいたという。隊員達の気持ちは痛いほど分かるが、こんな状態が続いていたら隊員の健康に問題が起きる。その結果、十分な救助活動ができなくなるかもしれないことを恐れた。

そんな折、「被災者は寒さに震え、何も食べていない」との報道が目についた。被災地の人達は何も食べていないのではないか。せっかく助け出された方々が餓死するのでは……と心配になった。田邊装備部長を呼び事実調査を指示すると、実際にそうだという。食料をはじめ全国からの支援物資は関東地区に集められて被災地に運ばれることになっていたが、経産省に確認すると、「帰りの燃料補給ができないので運送トラックが現地に行けない。したがって物流がストップしている」と言う。当時、東日本の各地でガソリンスタンドに長蛇の列ができ、深刻な燃料不足が生じたことはご記憶だろう。

十四日の深夜、田邊装備部長が来て「関東から物資は届いていません。全国から物資を送る手段を考えたら……」とボソボソと話し始めた。私はピンときて「よし、それで行こう。海幕・空幕の協力も必要だ。今から各幕僚長に頼みに行ってくる。装備部は直ちに被災者支援の細部検討をせよ」と言って、その足で岩崎空幕長のところにおもむき、事情を説明した。

「航空自衛隊の航空機で、例えば九州の板付空港から東北の花巻空港へ民間の物資を運んでくれないか。各飛行場には陸上自衛隊のトラックで物資を集める。花巻空港からは陸自のトラックで被災地に輸送する」

「海上自衛隊の航空基地も使用する場合があるので、杉本海幕長には私のほうから話しておくのでよろしく頼む。明日の省対策会議で大臣に申し上げるのでよろしく」

岩崎空幕長は予告もなく深夜訪れた私を見て、最初は狐につままれたような顔をしていたが、快諾してくれた。杉本海幕長も同じだった。

陸・海・空自衛隊で「全国からの民生支援物資輸送」のスキームが合意された瞬間だった。もう一つ被災者を苦しめていたのは、灯油、ガソリンの不足だった。あとで詳述するが、装備部を中心に陸・海・空自衛隊で被災地に運ぶスキームを統幕と調整しながら作り上げた。

陸幕には優秀な幕僚がいる。支援物資の物量は膨大であり、陸自の輸送力だけでは不十分だ。そこで日頃契約している日本通運に輸送の協力をしてもらい、日通には燃料を無償で提供する代わり運送費を値引きする契約をした。さらに、岩手・宮城・福島にある日通の三ヵ所の倉庫を支援物資の集積拠点として使用させてほしいと提案した。日通が快諾してくれたので、需品課の専門官を派遣して「物流センター」として機能させることができた。

翌日の省対策会議で「民生支援物資輸送スキーム」と「民間へのガソリン、灯油の民間転用」について大臣に承認をいただき、民生支援物資輸送は動き始めた。その結果、一万三千九百六トンの物資を輸送、被災者の生活支援に役立てた。

その一方、宮崎陸幕監察官やメンタルヘルスチームを現地に派遣して「士気はどうか」「隊員が精神的にダメージを受けていないかどうか」を確認させた。また、上部衛生部長を呼び、缶詰ばかりを食べていたことから野菜不足でビタミン欠乏になり、口内炎ができている隊員もいるとの報告を受けていたので、ビタミン剤の補給など隊員の肉体的、精神的なケア対策を指示した。

このように「被災自治体の要請に最大限応える」ために手を打つと同時に、「隊員の力を継続させる」ためにはどうしたらよいか、私はそこに作戦運用の主眼を置いたのである。

被災隊員、殉職者、自死者、ＰＴＳＤの過酷

東北方面隊は自身および家族が被災した隊員も多い。被災し家族を失った者も大勢いる。だが、全隊員に非常呼集がかけられている。被災して苦しんでいる家族を置いて自分は出動しなければならない。中には夫婦とも自衛隊員で、子どもを置いて任務につかなければならない隊員もいた。隊員とその家族も被災者である。だが、自衛官はこのような場合、家族を残して出動しなければ

ならない宿命にある。したがって、家族の面倒を見られない隊員の家族支援のため、駐屯地や官舎地区での託児所や避難のための集会所などの設置が必要である。

陸上自衛隊では、震災そのものによって犠牲となった隊員は二人だった。

犠牲となった一人は、東北方面隊の宮城地方協力本部の自衛官で、震災直後に連絡調整に行く途中、大津波に遭遇した。その場で住民の避難誘導をしていたが、し終わったのを見届けたのち、車を取りに行くところを皆の目前で津波に流されてしまった。もう一人は代休日に、地震が発生したため戦闘服に着替えて車で部隊に急行する途中、大津波に流された。

行方不明者の捜索、瓦礫の撤去で不眠不休の作業が続いた災害派遣中には、三人が殉職した。いずれも、亡くなった背景には過酷な任務の連続があった。

三月三十一日、岩手県岩泉町で行方不明者の捜索や瓦礫撤去をしていた北海道・旭川駐屯地の第二特科連隊所属の五十歳代の曹長が体調不良を訴え、入院先の病院で亡くなった。十五日から現場に入っていた。四月十五日には、四十歳代の一曹が岩手県遠野市の宿営地で倒れ、搬送先の病院で脳溢血で死亡。第九施設大隊（青森県八戸市）所属で、重機や車両の配備調整任務にあたっていた。五月二十六日には、二十歳代の三等陸曹が岩手県辺野古市で死亡。第十八普通科連隊（札幌市・真駒内駐屯地）所属で、現地で被災者向けの食事を作っていた。死因は不明。

その一方、残念ながら「敵前逃亡」的な行動をとった隊員もいた。福島第一原発で、放射性物質の除染作業に必要な通信手を務めていた三十二歳の三等陸曹（第一特殊武器防護隊＝東京都練馬区）が郡山駐屯地から小型トラックを盗んで逃走したのだ。

私は警務管理官を呼び「捕まえて、俺のところに連れて来い！」と珍しく怒鳴った。自衛隊の警務隊が捜索に取りかかり、窃盗容疑で逮捕、警察に引き渡した。この三曹は三月十三日から郡山駐屯地に派遣されていたが、「十四日に、原発事故に対する恐怖心からパニックになって逃げた」と供述した。即刻、懲戒免職処分にしたが、当時の現場の状況は放射能の恐怖との戦いの最中であり、指揮官の命令もなしに持ち場を離れることは、敵前逃亡であり、絶対に許すことはできない事案であった。一人の離脱により全体がパニックになってはいけないと厳しい態度で臨んだ。

陸上自衛隊員が派遣された災害現場は、全てが未体験の凄まじい現場だった。隊員達は訓練で鍛えられているが、生身の人の子である。肉体的疲労対策はもちろん精神的疲労、メンタルヘルスにも配慮する必要があった。

多くの遺体を収容する作業によるＰＴＳＤ（Post Traumatic Stress Disorder＝外傷後ストレス障害）も心配だった。そこで陸自は三月の段階で『災害派遣隊員のメンタルヘルス維持』と題した資料を配布、同時に医師や臨床心理士など専門家の「陸幕メンタルヘルス巡回指導チーム」を現地に派遣して、ＰＴＳＤ等の予防と発症の恐れのある隊員の早期発見に努めさせた。また、宮崎陸幕監察官や清水最先任上級曹長を現地に派遣して、部隊、隊員の現況を把握させていた。

しかし、対象とされた隊員達はいずれも「何でもやります」「やらせてください」と極めて士気は高かった。逆にあまりに士気が高すぎるのも気がかりであった。発災から約一週間が経ったころ、文字通り不眠不休で人命救助にあたっており、明らかに過活動状態であった。このままにしておくと、隊員がいつかポッキリ折れてしまうのではと懸念した。

人命救助された方の数が減少し、行方不明者の捜索の段階に入ったことから、長期戦を戦う態勢作りのため、司令部には幕僚を増加（指揮幕僚課程学生、教官、研究員計二百三十人）、予備自衛官、即応予備自衛官の招集・派遣、非常用糧食を喫食している隊員への体力減退を補うための栄養食品特にビタミン類の補給、さらには戦力回復センターの設置等を指示した。青森、秋田、山形、朝霞に「戦力回復センター」を設置し、ベッドと風呂、洗濯機等を準備し最低連続して二日交代で休めるように陸幕を指導し実行させた。

しかし、過酷な現場作業の任務は自死者を生んでしまった。私が退官したあとに聞いたが、発災から七ヵ月後の十月十九日、新潟県上越市の高田駐屯地で東部方面隊第十二旅団第二普通科連隊の大橋連隊長（一等陸佐＝五十二歳）が自死した。高田の連隊（第二普通科連隊のこと）は発災後三ヵ月半にわたって福島県のいわき市等で行方不明者の捜索や救援物資の輸送など、さらには第一原発半径三十㎞圏内の広野町、小高区の行方不明者捜索を実施していた。その前日にも岩手県内などの被災地に派遣されていた三等陸佐が青森県で自死している。いずれも幹部自衛官である。

ほかにも数人の自死者がいると聞くし、災害派遣後退職した自衛官も多数いると聞く。それだけ現場の作業は過酷だった。亡くなった隊員の冥福を祈るばかりである。防衛省の調査によると、被災地に派遣された陸上自衛隊員の約三・三％がＰＴＳＤ発症のリスクが高い状態に陥っているという。

以上のように災害派遣された自衛隊員の任務は過酷だった。留守を預かる部隊も減員の中で多忙な業務が続く。そして、これら隊員達の支えとなっているのは何といってもご家族のみなさんである。私は本書の前文で全陸上自衛隊員に檄文を送ったが、同時に「隊員の御家族の皆様へ」と題する手紙を出した。以下、その一部を紹介する。

私は、この大災害に過去にない規模で危険を顧みず死力を尽くして活動を続ける隊員諸官を誇りに思うとともに心からの慰労と敬意を表したいと思います。防衛省には日々多くの激励や感謝のメール等が送付されており、多くの国民の自衛隊に対する期待を日々痛いほどに感じているところであります。

我々の任務は、隊員の努力はもとより、それを支える御家族皆様の御理解・御協力があってこそ遂行できるものです。現に任務を遂行できているのも、御家族皆様の支えがあるからであり、陸上幕僚長として心から感謝申し上げます。

御家族の皆様には、多大な御負担と御心配をおかけしており、特に被災した御家族の方々は、頼りにする隊員が出動中であることから、御苦労されていることと思います。

しかしながら隊員一人一人は国民の大きな期待を一身に受け、日本の復興のため日々昼夜を問わず過酷な任務を遂行しているのであり、このことに御理解をいただくとともに、隊員が任務から帰隊した際には、是非「おかえり」「御苦労様」の一言をかけていただきたいと思います。

陸上幕僚長として、先頭に立って隊員の力を結集し本任務を完遂することを誓いますとともに、御家族皆様の御理解・御協力・応援を切にお願い申し上げます。

陸上幕僚長　火箱　芳文

使い捨てではない隊員の命

福島第一原発での被曝の問題も残る。三号機の爆発で隊員四人が被曝したが、被曝量は三・一ミリシーベルトだった。しかし、専門医の診断は「短期的には問題はないが、長期的には分からない」というものだ。

原発事故対応に携わる隊員には放射能を防護するタイベックスーツを着せて、どれだけ被曝したかを毎日計測・記録させていた。それらの記録は人事記録にも記し、被爆線量が年間百ミリシーベルトを越えたら、放射線を浴びる可能性がある原子力施設関連の業務にはつかせられない。幸い、三号機の爆発事故に遭った隊員達も、ヘリコプターからの放水作戦を敢行した隊員達も、年間百ミリシーベルトの被曝はしていなかった。

しかし、当時の政府の対応はひどいものだった。事故前まで国際放射線防護委員会（ＩＣＲＰ）の勧告に基づいて日本が採用していた放射線量の限度は、一般人で年間一ミリシーベルト、緊急作業時の上限が年間百ミリシーベルトだった。事故直後に年間二百五十ミリシーベルトに引き上げ、さらに、政府からは「五百ミリシーベルトでもいいのではないか」との打診があった。私は即座に「やめていただきたい！」と大臣に申し上げた。限度を引き上げたばかりで、舌の根も乾かぬうちにさらに引き上げるという。正直腹が立った。自衛隊員の命をあまりにも軽く見ているのではないか。北澤大臣には私の意見を了承していただいた。

年間五百ミリシーベルトがどこから出てきた数字かわからない。「米国からもたらされた情報」ともいわれたが、原子力空母や原子力潜水艦を抱えている米軍は、放射線管理においては日本より厳しく、年間五十ミリシーベルトぐらいに設定している。米国説は間違いだろう。

自衛隊員は全員、入隊に際して「事に臨んでは危険を顧みず、身をもって責務の完遂に務め、もつて国民の負託にこたえることを誓います」と宣誓、署名捺印するが、その時々の政府の都合で被曝線量の上限値を安直に変えられてはたまらない。命令とあれば火の中にでも突っ込む覚悟はあるが、政治家には、自衛官の命をそう軽々しく考えてもらいたくない。国民の皆様にも自衛官の命の重さと使命の重さを深く考えていただきたいと思う。

私は今回の派遣は「戦《いくさ》」と思い戦っていたが、派遣中亡くなった隊員の扱いは今の規定では「公務死」である。だが、軍事的対応をともなう有事の場合いかなる扱いになるだろうと考えた。日本国憲法があり、自衛隊は明確に軍として規定されておらず、「戦死」「戦病死」という概念はないのではないか。特別職国家公務員としての「公務死」に扱われ、防衛省の殉職隊員慰霊碑に祀ることはあっても、国家として慰霊を祀る場所も制度もない。国のために勇敢に尽くしてくれ、不幸にも命を落とすことになった隊員に対して、国家としての処遇はどうなるのか、東日本大震災の災害派遣ではそんなことも痛烈に感じた。

政府も軍隊も企業も、危機に直面して初めて組織や意思決定の欠陥に気づく。その意味では、東日本大震災の災害出動は、多くの教訓と解決しなければならない数多くの問題を鮮明に浮かび上がらせたといってよいだろう。

第一部　第二章

日本列島分断

未知で過酷な原発出動

東日本大震災災害派遣の特徴は、地震と大津波による災害への対処と、福島第一原子力発電所のメルトダウンという「複合事態による二正面作戦」だった。この原発対応こそ、何もかもが未体験で、手探り状態に近い過酷な作戦行動であり、しかも、法律で定められた自衛隊の本来任務を超えた活動だったのである。

自衛隊は「わが国の平和と安全に重要な影響を与える事態」に対して迅速かつ適確に対処するため、不審船や武装工作員等の活動、核・生物・化学兵器によるテロ等、防衛出動に至らない事態に対しても、即応態勢を日頃から準備している。

しかし、全国十七ヵ所、五十基の原子力発電所は自衛隊の警護対象ではないのだ。二〇〇一年（平成十三年）十一月、「9・11アメリカ同時多発テロ事件」を受け、自衛隊法に加えられた「警護出動」の対象施設にも、原発およびその関連施設は入っていない。

「防衛出動」「治安出動」「災害派遣」の三本柱に新たに付け加えられた「警護出動」は、内閣総理大臣の命令により警護する行動を定めたもの（自衛隊法八一条の二）。在日米軍基地、自衛隊施設等が対象とされた。原発警護は、二〇〇二年（平成十四年）のＦＩＦＡワールドカップを機に臨時編成された警察部隊を母体にし、機関拳銃等で軽武装した全国の原子力関連施設所在地域を担任する機動隊に「原子力関連施設警戒隊」が編成され警備にあたっている。

国際的には「原発はテロ対象施設」との認識が常識で、米国では州兵（陸軍三十五万人、空軍十一万人）が警備にあたっているが、なぜわが国では原発を警護対象から外したのか。

あくまで私の推測だが、自衛隊が常時警備につくと、見た目も物々しい。周辺住民には「危険なテロ対象物」として受け取られる。「原発は安全」という「安全神話」を崩したくなかったのではないか。実際、当時の政府・与党（自民党の小泉純一郎内閣）も電力会社も、原発を警護対象にすることに反対だったと聞き及んでいる。

したがって、オフサイトセンターなどでの原発テロ対策訓練も警察がやっている。同センターは全国二十一ヵ所にある「緊急事態応急対策拠点施設」であり、原子力災害が発生した時に、国、都道府県、市町村などの関係者が一堂に会し、原子力防災対策活動を調整し円滑に推進するための経産省・文科省が指定する施設である。

といって、自衛隊は手をこまねいて全く何もやっていなかったわけではない。私が中部方面総監をしていた二〇〇八年（平成二十年）、「島根原発周辺で逃げたテロリストを警察と自衛隊が協力して山の中に追い込み掃討する警察との共同訓練」を行ったことがある。海上自衛隊も沿岸監視で参加したが、実際にやってみると、正直言って「これは自衛隊主導でやるべきではないか」

と思ったものだ。

なにしろ、警察の原子力関連施設警戒隊はもちろん、自衛隊の武器使用も「警察官職務執行法」によって厳しく抑制されている。テロリスト達を迫撃砲でつぶすこともできない。さらに問題なのは、自衛隊にとっての警護対象ではないため、原発内部の構造の情報や、過酷な事故が起きてしまった時の対処の仕方等の情報が全く入ってこない。「こんなことで大丈夫か？」と気にかかっていた。

警備にあたっている各県警の機動隊も人数が少ない。常駐している原発も少なく、非武装の民間警備会社が警備にあたっている施設もあるという。そこで自民党からは「原発の警護も基本的に自衛隊ができるように法改正を急げ」との意見も出ているようだが、われわれが初めて対処した福島第一原発の事故は、テロ行為によるものではなく津波による電源破損が引き金となったメルトダウンだった。

型通りの原発災害派遣発令

震災当日の三月十一日午後七時三十分、原子力災害対策本部長（本部長・菅直人内閣総理大臣）の要請により、北澤俊美防衛大臣から「原子力災害派遣命令」（自行原命）が発令された（自衛

隊法第八三条の三及び原子力災害対策特別措置法第二〇条）。

これは型通りのものだ。自衛隊の任務は、避難者等の輸送支援、給水等の従的任務で、通常の災害出動とあまり変わらない。その時点では後日、ヘリコプターで原発建屋の上空から放水することになるとは夢にも思わなかった。

なぜなら、原子力災害対策本部から入ってくる情報は、「交流電源喪失、非常用ディーゼルエンジン停止。ただし、心配なし」という程度のものばかりだった。だから「こっち（原発）は大丈夫だな」と私は思っていた。

そのため、陸自全体の作戦行動は地震・津波による被災者の救助に集中させた。原発対応は型通りに、住民避難の支援を準備し、要介護者の輸送を実施、屋内退避地区内への食料・給水支援、医薬品の輸送、九ヵ所の除染所の開設とモニタリングだった。

午後八時、福島・郡山の部隊から電話が入った。

「東京電力から、電源車運搬の依頼があったそうです」

「ヘリで運ぶのか？」

「そうみたいですね」

「ヘリで吊れるかどうか、電源車の重さを確認しろよ」

こんなのんびりしたやり取りをしていた。かつて九州電力とは、西部方面隊が協力して、緊急時に電源車を輸送するために大きな金枠を作り、輸送する訓練をしており、二〇一〇年（平成二十二年）の奄美豪雨の際、九州電力の電源車を輸送した実績があった。だが、東京電力とはそうした訓練もしたことがない。当然、金枠も準備していないから、下手に吊るして飛べば、大きく揺れてヘリが墜落する危険もある。結局、現場からは「九トンしか吊るせないので、陸路で電源車二台を運びます」との報告があった。

だが、政府からはそんな要請は来ていない。冷却用のディーゼルエンジンが停止したとか、電源車が必要だというようなものばかりで、危機状態を推察するような情報は全く入っていなかった。したがって発災初日は、福島第一原発で深刻な事態が起きているとは思ってもいなかったのである。

三月十二日、午前九時。運用支援情報部の担当が「冷却水注入の依頼があった」と報告してきた。この依頼も政府の対策本部からではない。東電から郡山の部隊を通しての依頼だった。

「どれくらい入れるんだ？」

「五トンの放水車一台でいいそうです」

「（大量の水が必要なら、中央で対策しなければならないが）、それなら現地で要請に応えておいてくれ」と答えた。

午後三時三十六分。「一号機が爆発したようだ」「東電の社員が負傷した」との情報が飛び込んできた。テレビ画面では、記者会見する枝野幸男官房長官が「爆発的事象」という妙な日本語を連発していた。この一号機の爆発はのちに水素爆発だったと知るのだが、「爆発的事象」が起きても「原発は大丈夫。政府と東電で何とかなるだろう」という程度の認識だった。

「東電社員ら四人負傷」「手作業でベントをした作業員が年間基準量の百倍の放射線を浴びた」「二号機も損傷」「その時隊員が近くにいたが負傷せず、東電社員を免震棟まで運んだ」といった重要な情報もあとから知った。それほど政府の対策本部からの情報がなかった。

しかし、その割には、福島のオフサイトセンター（双葉郡大熊町）から福島の部隊への要請が多いことが気にかかった。

そこで、十三日午前八時以降「燃料、冷却水の輸送、避難者への支援のため輸送能力を強化しておいたほうがいいだろう」と、中特防（中央特殊武器防護隊＝さいたま市大宮駐屯地＝百七十名）と東北方面隊の輸送隊（百十名）を郡山に派遣する指示を統幕が出した。

中特防はかつて第一〇一化学防衛隊と呼ばれた専門部隊で、茨城県東海村のＪＣＯ臨界事故や地下鉄サリン事件でも出動した。放射能災害対処の実績を持つ部隊である。現在は、二〇〇七年（平成十九年）に創設された防衛大臣直轄の機動運用部隊「中央即応集団」（司令部は神奈川県相模原市の座間駐屯地）の傘下にある。

三月十三日、午前八時。政府の対策本部から「福島第一原発から、ディーゼルエンジンの燃料を入れてくれ、冷却水も入れてくれとの要請があった」との連絡があった。要請に基づいて燃料、冷却水の輸送支援をしながら、避難命令が出た原発周辺住民の避難支援を継続した。十一日時点では、「避難指示」が出ていたのは第一原発の半径三㎞圏内だけ。半径三㎞〜十㎞圏内の住民に対しては「屋内退避指示」が出ていたにすぎない。

統幕では、十二日から十三日にかけて「災統合任務部隊」（ＪＴＦ東北）をどう編成するかの作戦会議が継続されていた。全体の部隊編成、指揮命令系統を決め、陸自東北方面総監の君塚君をＪＴＦ指揮官にすることが決まった。そして翌十四日午前十一時、北澤防衛大臣と折木統幕長が仙台に飛び、ＪＴＦ指揮官を命じるセレモニーをすることが決まった。

この時まで私の頭の中は、津波被災者の人命救助のことでいっぱいだった。

三号機爆発で隊員四人負傷

三月十四日、午前十一時一分。福島第一原発三号機が爆発した。テレビが現場の様子を映し出していた。バーン、ドドーンと建屋が吹き飛んだ。これはただ事ではない。水素爆発だ。統幕長は仙台である。残った私は

「隊員が入っていないか、すぐ確認しろ！」と命じた。

案の定、中特防の岩熊真司隊長（一佐）ら六人の隊員が三号機近くに入っていた。四人が負傷して、千葉の放射線センター（千葉市稲毛区の放射線医学総合研究所・重粒子医科学センター病院）に搬送された。一人は頸椎《けいつい》をやられ、血だらけになっているという。

防大二十六期卒の『毎日新聞』記者・瀧野隆浩氏が、その時の現場の様子を臨場感のある筆致で書き残している。以下、『ドキュメント　自衛隊と東日本大震災』（ポプラ社）から引用、転載する。

《「放射性物質が漏れているとは聞いていました。1号機で水素爆発があったばかりですから。でも、そのあとまた爆発に至るようなことはないものという前提でいました。それはそうでしょう。東電は我々に、原子炉のすぐ近くで車から降りて作業をしてくれ、と言っているんですから」

その前提だったからこそ、岩熊は中特防が所持している化学防護車――放射性物質や生物・化学剤が撒かれた地域でも活動ができる――を使わずに、通常車タイプを指揮車にしたのだ。（中略）右折して建屋から約20メートルのところに指揮車を停める。岩熊は一応の目安として帰還線量を10ミリシーベルトと決めていた。片道10ミリシーベルトを超えたらすぐに作業は中断して引き返す。振り返れば、後続の水タンク車2台もポンプの位置に気付いたように見えた。ならば話は早い。「作業、始めるぞ」と言うため車を降りようとした瞬間だった。

ぼ〜ん。耳を劈《つんざ》く大きな爆発音がした。下腹に響くような不気味さだった。11時1分、目の前の3号機建屋が爆発して吹き飛んだ。爆発音がした瞬間に、濛々《もうもう》と煙が上がり太陽が消えた。同時に猛烈な爆風が襲う。車両が大きく横滑りして側溝に落ちる。ものすごい音を立てながら、数百《メートル》、いやそれ以上の高さから、コンクリートの塊《かたまり》が狂ったように降ってきた。指揮車のキャンバス地の屋根を突き破る。フロントガラスが粉々に砕け散る。車内で、体を丸めているしかなかった。（中略）

専門集団である彼らは、その爆発が何を意味するか瞬時に分かった。水素爆発だ。自分たちがいるわずか20《メートル》先でそれが起きた。瓦礫の落下が収まったと判断するとすぐ、岩熊はドアを蹴って、蹴破って、ようやく指揮車から抜け出る。運転席の隊員は首にけがをしている。後続は、水タンク車は？――横倒しになっている。鉄製のタンクがぼこぼこだ。部下は、あと4人は――いた！着ていたタイベックスがぼろぼろに裂けている。足や肩を押さえているのは、落下物による負傷なのだろう。が、全員、よろよろと自分の足で歩けている。致命傷ではない。（中略）

爆発が収まって、隊員の安全を確認して離脱し始めるまで約1分。左右を見たが、もと来た道を帰るのが一番。直感がそう告げている。とにかく正門にたどり着きたかった。爆発した3号機と、2号機の間の通路。爆発があったばかりとかそういったことは二の次。

帰巣本能とでも言おうか。息を詰めるようにして、足を引きずる隊員たちを助けながら瓦礫の山をのそりのそりと進む。高さ50《メートル》ほどあった3号機の上半分が吹き飛んで、骨組みだけを晒している。どこからともなく、東電の社員ら十数人が出てきて合流した。けがを負った作業員がいた。さっき下りてきたばかりの坂を逆に徒歩で上る。偶然、カギをつけたまま放置されていたトラックを発見し、戻って、歩けなくなった作業員を乗せて、正門までたどり着いた。（中略）隊員を医官に診てもらって再びオフサイトセンターに戻ったときに、会議が始まる、という連絡が入った。各機関が集まって翌日の活動予定を決めるいつもの会議だ。「もちろん、出るよ」。着用していたものは半長靴も含めてすべて廃棄していた。真新しいタイベックスと長靴姿で、出席した。いや、乗り込んだ、と言ったほうがいいのかもしれない。

岩熊は会議の冒頭、こう叫んだ。

「冗談じゃないっすよ！」》

パニック状態のオフサイトセンター

これはただ事ではない。「原発は大丈夫」というこれまでの話は全然違う。「危ない」「原発は危険だ」と私は確信した。これからは原発に対応せねばならない、何ができるのだろうかと考えた。

その結果、陸上自衛隊は二正面作戦を展開することになった。津波による一般的な災害対応はＪＴＦ東北の指揮官・君塚東北方面総監に、原子力対応は中央即応集団の宮島俊信司令官（防大二十期卒）に役割が分担された。

直ちにＣＲＦの五百名、原子力災害派遣対処部隊が福島に向かった。第一空挺団、第一ヘリコプター団、中央特殊武器防護隊などの専門部隊で構成される陸上自衛隊の最強集団である。

一方、福島のオフサイトセンター（Ｊヴィレッジ）は、十四日夜から十五日の朝にかけて大混乱に陥っていた。ＣＲＦからは今浦勇紀副司令官が前方指揮所の指揮官として派遣されオフサイトセンターに詰めていたが、

「三号機が吹っ飛んだのだから、一号機、二号機、四号機も危ない」
「二号機が重大危機。圧力上昇、格納容器のベントができない」
「オフサイトセンターが危険、福島に下がったようだ」
「原子炉損傷、メルトダウンは時間の問題」等々

デマも含めてさまざまな情報が飛び交っていた。福島第一原発で今何が起きているのか、何が真実なのか、正確な事態が分からない。

菅直人総理大臣名で「二十㎞圏内の住民に避難指示」が出された十二日午後六時二十五分以降、現地で自力避難が困難な入院患者の救出を担っていた第十二旅団からは「夜中に指定を受けた病

院に行ったが、医者がいない」との報告も入る。あとから医師は放射線被害を避けるために別棟に退避していたことが分かったが、十四日の夜から十五日朝にかけて、オフサイトセンターは大パニック状態だったのだ。ただ、この時の情報も現地からは詳しく入らずイライラするばかりであった。この日私は、被災者の生活支援のための「民間物資輸送スキームの構成」や「灯油、ガソリンの民間転用」の件で泊まり込んで対応していた。

三月十五日、午前六時十分。四号機が水素爆発を起こした。定期検査中で燃料棒（東電発表によると千五百三十五本）が入っている四号機の燃料プールの屋根が吹き飛んだ。

九時七分、二号機の建屋五階部分から大量の白煙が出ていることが確認された。福島第一原発の吉田昌郎所長（故人）が後日、政府事故調の聞き取り調査に「一番危ない」と答えたあの二号機である。

九時三十二分、原発事故に関して初めて、首相官邸、政府の対策本部からの指示があった。それは「原発が極めて危険な状態。オフサイトセンターの任務、原発への燃料輸送を中止せよ」との内容だった。

九時三十八分、四号機の火災を確認。

緊急事態！「上空から放水」の要請

九時三十五分、大臣に被災者支援のための部隊の増強と全国物流輸送支援についての報告に行った直後の十時二十五分、防衛省大臣室で緊急の大臣・幕僚長会議が開かれた。緊急事態だ。会議の目的は自衛隊による「原発への放水」依頼だった。

北澤防衛大臣が「官邸から、福島第一原発が非常に危険な状態なので自衛隊に放水してもらえないか、という要請が来ています」と口を開いた。

実は前日に、経産省から統幕に「上から水を入れてくれんか」という話がちらっとあったという。しかし、水を入れるといっても重さは九トンもある。上空からの放水によって原発建屋はもとより、原子炉が破壊されてしまう危険もある。「それでも大丈夫なのか？」と聞くと、「東電サイドは（上空からの放水には）懐疑的だ」という答えだった。だから統幕は「即答を避けていた」とあとから聞いた。

それが一夜明けて、政府からの正式な「放水要請」が出た。一体どうなっているのだ。しかも、大臣も統幕長も「陸（自）がやれ」とは言わない。「ヘリで放水しろ」とも言わない。防衛大臣は「決死隊のようなことはさせたくない」と言う。もちろん誰も反対を唱える者はいなかった。

会議終了後、四幕僚長が統幕長室に集まった。しばし沈黙。誰も口を開かない。海・空幕長も沈黙を保ったままだった。私は腹をくくった。とにかくここは「陸上自衛隊がやるしかない」。何をすればいいのか全く分からない。確固たる自信があるわけでもなかったが、「統幕長、やるしかないでしょう。これから作戦を検討します」と言い残して執務室に戻り、すぐに陸幕の部長クラスを集めた。

「原子炉の冷却ができず深刻な状態だ。地上からいくら注水しても水が入らず、水位低下で核燃料が露出して溶融する恐れが出ているという。また燃料プールの水が枯渇すれば放射性物質が拡散する危険がある。振り返ったら誰もいなかったということになるかもしれんが、とにかくやるしかない。頼むぞ」と説明して情報収集を開始、未体験の原発封じ込め作戦を練り始めた。

ヘリからの放水は内閣危機管理室の伊藤哲朗管理監からの提案だったようだ。内閣危機管理監は官房副長官に準ずる特別職の国家公務員で、伊藤氏の元職は警視総監。地上からの注水はこの段階では「お手上げ」状態だったようだ。CRFの宮島司令官にも統幕から「ヘリからの放水準備」の指示があった。宮島司令官は福島ではなく、東京練馬の朝霞駐屯地にいたが、放水作戦の準備命令はCRF隷下の第一ヘリコプター団に下されたのである。

正直言って私のほうは、「何でもっと早く言ってくれなかったのか」という思いでいっぱいだった。もっと早くに「地上から水を入れてくれ」と言われれば、自衛隊の放水車を全国から集めて一斉注水することもできただろう。それによって一号機（十二日）、三号機（十五日）の爆発を防ぐことができたかもしれない。原発内部で起きている事態を正確かつ詳細に知らせてくれていたら、少なくともこの三日間の間に、われわれなりの作戦を練り準備をすることができたのではないかと思うと本当に悔しかった。

しかも、この期に及んでも原子炉の状態はおろか、放射能が周辺や上空にどれぐらい飛散しているのか、原子炉のどこまで近づくことができるのか、全く分からない。当たり前の話だが、作戦を立てるためには敵、つまり攻撃目標の状況を把握しなければならない。それが、敵＝原発の状況はマスコミ報道から知る程度で、正確な情報がほとんどない。これでは「作戦の立てようがない」というのが正直なところだった。

「とにかく、原子力災害対策本部や東電に頼っていても仕方がない。まず、自分達で情報を収集し、現状を把握しよう」と、ヘリ放水作戦のための危険見積もりを進めさせた。

「まず三、四号機の燃料プールが干上がったら放射能が拡散し、二度と原発周辺に近づけなくなる。もう一つが原子炉は海水注水中だが思ったほど圧力が上がらない。水漏れを起こしているかもしれない。水がなくなればメルトスルー、メルトダウン、または最悪原子炉が破裂するかもしれない。海水は原子炉の中に入れている。今は燃料プールに水を入れるしかない。中でも火災が確認され、水が干上がった四号機が一番危ない。水を入れるのは四号機からだ」——これがわれわれの結論だった。

後日分かったことだが、官邸からの指示が出た三時間前の午前六時四十二分、吉田所長はオフサイトセンター所員の九十％に避難命令を出し、約六百五十人が十㎞南の福島第二原発に避難していた。そして免震重要棟・緊急時対策室内の放射線量は午前九時、今回の事故で最高値となる一万一千九百三十マイクロシーベルト（十一・九三ミリシーベルト）を観測していたという。事態は一刻の猶予も許さない状態だったのだ。

「二号機が危ない。ホウ酸を撒いてくれ」

十五日昼過ぎ、防衛省地下の陸幕指揮所で放水作戦準備を進めていると、及川耕造・防衛大臣補佐官が突然訪ねてきた。及川補佐官は、通産省（現経産省）から防衛庁装備局長、特許庁長官などを歴任した人物で、「チェルノブイリ事故を研究している」経産省時代の部下を連れていた。

「陸幕長、この男の話を一度聞いてください」と言う。その方は、

「陸幕長、二号機が一番危ない。二号機にホウ酸を撒いてください」と言う。

「え？　二号機？　四号機じゃないの？　海水や真水の注水じゃなくて、ホウ酸そのものを撒く？」

公式の場ではないところでの唐突な申し出には、正直戸惑った。私は、ホウ酸が水素・酸素・

ホウ素の化合物で、ホウ素は中性子を吸収しやすい、したがってホウ素を撒くと核分裂反応が止まる、という程度の化学知識しか持ち合わせていなかった。及川補佐官の元部下がたたみかけるようにこう言う。

「二号機には今、ホウ酸を撒かないと大変なことになります。私の見通しでは、すでにメルトダウン（炉心溶融）していると思います。場合によっては（放射能が）吹き上げて、圧力容器や格納容器を溶かすメルトスルー状態になっているかもしれません」

絶句した。そんなこともありうるのか？　恐ろしくなった。メルトダウンしたチェルノブイリ四号炉の「石棺」作業のことは知っていた。ホウ酸、石灰、鉛、粘土、砂等約五千トンを撒いて放射線の放出量を下げたうえ、外側を完全にセメントで固めて原発を封じ込めた「石棺」作業だ。ホウ酸を撒くことは廃炉にすることを意味する。また、チェルノブイリではこの作業で多くの作業員が大量の放射能を浴び、命を奪われ、後遺症に苦しめられていることも承知していた。

「これは犠牲者が出るな」と覚悟した。

しかも水にホウ酸を混ぜた「ホウ酸水」の放水ではない。粉状のホウ酸そのものを直接、原子炉に撒いて放射能を封じ込めるというのだ。

二号機は、異音や白煙こそ確認されたが爆発はしていない。建屋は吹き飛んでいないし屋根もある。屋根の上から生のホウ酸を撒いても意味はない。建屋内部の原発の心臓部に撒かねばならない。

「ホウ酸はどうやって撒くんだ」と聞くと、

「それはお任せします」と言う。

空自が撮影した二号機の航空写真を持ってこさせた。写真をよく見ると、屋上に一mぐらいの亀裂、ひび割れのような跡が見える。ここから投入できるかもしれない。

「そもそも原子炉の上空で放射能はどういうふうに飛散しているのか」と聞くと
「割り箸を立てたような状態です。一定の高さまではまっすぐ立ちのぼり、その後は線香の煙のように横に漂います」

「一定の高さとは何メートルだ？」

「分かりません。原子炉の状態次第です」

ヘリコプターや飛行機は、機首を風上に向けて飛ぶほうが安定するように設計されている。つまり、建屋の直上《ちょくじょう》でヘリをホバリングするためには、風下から入り、機体を風上に向けるほうが安定する。だが、それでは空中に漂う放射能の影響をまともに受けてしまう。放射能の影響を受けにくい風上から入ったほうが安心だ。技術的には難しいが、第一ヘリコプター団のパイロットなら上空に近づくことは可能だろう。

被曝覚悟で建屋に降りる！

問題は粉状のホウ酸をどうやって原子炉周辺に撒くかだ。担当者たちは「放水と同じようにバンビバケットを使うか」「屋根があるのだからそれは無理だろう」と内々の議論をしていた。私はそれを聞いて「ホウ酸をスリングネットに入れてロープで吊るし、ひび割れた亀裂から投入する」「それしか確実に投入する方法はないだろう」と指導した。それをやるには相当に腹の座った者でしかできないと思った。ホバリング状態のヘリの中で長時間放射線を浴びながら作業ができる搭乗員が必要だ。第一空挺団のY准尉の顔が浮かんだ。

スリングネットは大きく強いミカン袋のようなものだが、一袋に粉状のホウ酸を二十kg入れる。それを二百五十袋用意する。ヘリは建屋上空二十mでホバリングするが、ロープはできるだけ長いもの、七十mのスリングロープを使う。投下するホウ酸の総量は五トンとなるから、ロープは一本では弱い。ロープを三本束ねて五トンの重量に耐えられるようにする。

「こんな計画でなければだめだ」と指導した。航空写真の詳細な分析の結果、一m程度のひび割れに見えた部分は傷状の亀裂だった。ここからのホウ酸投入はできない。屋上に穴が開いていないと、建屋直上でホバリングしながらスリングロープを使って投入する作戦自体ができない。

ところが写真をよく見ると、建屋の横壁の一部が割れていることが分かった。そうなると方法はただ一つ、ヘリからロープで建屋の屋上に立ち降り、屋上から横壁に接近し、横壁に開いた穴からホウ酸を投入する。これしかない。決死隊だ。

北澤大臣は「決死隊みたいなことはさせたくない」と言ったが、現状ではこの方法しかない。そして二号機建屋屋上でこれだけの作業をしたら、致死量に近い放射能を浴びることは避けられない。直上で長時間滞留するヘリの操縦士も、ものすごい量の放射能を浴びるだろう。

しかし――

「このままだと日本列島は福島で分断されてしまう。新幹線も動かなくなる。決死の作戦の実行には犠牲者が出るかもしれないが、やるしかない」と覚悟を決めた。

ホウ酸投下の作戦を練る一方で、四号機へのヘリからの注水の準備も着々と進行していた。しかし、依然として建屋上空の放射線量がどれくらいなのかさっぱり分からない。建屋上空でヘリ操縦士や機体にどのような放射能被曝があるか、予測もできない。放射線から乗組員を防護するには機体に鉛をベタ貼りするのが一番よいが、鉛を貼りまくったら重くてヘリが飛べない。

「とにかく、機内に放射能が入らないようにヘリを密閉する工夫をしろ。徹底的に改造して、万全の防護措置をとれ」とだけ命じた。

のちに報告を受けたが、陸幕にはさまざまな知恵と情報を持つ幕僚がいた。こうした未体験の緊急事態でも、冷静にかつ慎重に知恵を絞った。陸幕装備部の開発課長・権藤一佐が「機内の内側にタングステンシートを貼ったらどうか」と発案し、装計課長の前田一佐などがすぐに手配した。

なんでも、以前たまたま顔を出した会合で、「自由に切り貼りができるタングステンシートがある。これが放射線遮蔽に有効だと聞いた」と言う。すぐに調べると、㈱アライドマテリアルが作っていることが分かった。東京タングステン㈱と大阪ダイヤモンド工業㈱が合併してできた住友電工の子会社である。保管場所は兵庫県にある倉庫だという。

すぐさま伊丹の第三後方支援連隊が会社に行き取得、空自小牧基地（愛知県）まで運び、C1輸送機で福島空港へ空輸、陸路仙台の霞目《かすみのめ》駐屯地に搬入した。十六日午前八時三十分のことだった。大型輸送用ヘリCH47チヌーク二機の床にはタングステンシートが隙間なく貼られた。投下部隊は午前六時三十分から宮城県の陸上自衛隊・王城寺原演習場で投下訓練を行っていた。出動準備は順調に進行した。

決死の「鶴市作戦」を決意

前日の午後四時には、大臣・統幕長が菅直人総理に放水作戦の報告をし、放水の承認指示を受けていた。三月十六日、福島第一原発三号機、四号機燃料プールへの海水の放水、または二号機への粉状ホウ酸、四号機へのホウ酸水の投下作戦が実行に移される準備が整った。

しかし、放水作戦はともかく、ホウ酸投入作戦は相当難しい。「決死隊」ともいうべき危険な任務だ。この作戦には第一空挺団を使うしかない。しかも、陸上自衛隊が「最悪のシナリオ」に備えた作戦を検討していることがマスコミに漏れたら、日本中がパニックに陥る。作戦準備は絶対に外部に漏れぬよう、慎重にやらなければならない。

「あいつには直接、自分の口から話しておこう」と私は受話器を取った。電話の相手は、朝霞のCRF司令部にいる宮島俊信司令官である。

「場合によっては、厳しい任務が来るかもしれない」と前置きして、二号機へのホウ酸投下の必要性と具体的な作戦行動をかいつまんで説明した。

「いよいよとなったらやるしかない」と言う。宮島の返事は簡潔だった。

「分かりました」

その日の夜、陸幕庶務室で恒例のミーティングを行った。夜中のコーヒーブレーク。岡部教育訓練部長、清田庶務室長、沖邑教育訓練課長、清水最先任上級曹長などが集まった席で「こんな話が来ている」とホウ酸投入作戦を話した。

「水はバンビバケットに入れ、パッと撒いて下がればいい。一瞬だからな。だが、こっち（ホウ酸投下）はそうはいかない。建屋の中に入るか、建物の亀裂やコンクリートが割れた隙間を見つけて原子炉周辺に撒かねばならない。誰かがそれをやらなければ福島県はもちろん、日本が分断されてしまう。経産省のある役人も、二号機はメルトダウンしているとみている。これは空挺団を出すしかない。空挺団じゃなければできない作戦だ」

私は二〇〇二年(平成十四年)三月から一年間、第一空挺団の団長(習志野駐屯地司令兼任)をしていた。日本で唯一の落下傘部隊である第一空挺団の高い即応力と機動力、隊員個人の精神と肉体の強靭さは誰よりも知っているつもりだ。

肝が据わっている。いざとなったら自分が犠牲になって、日本を救おうとしている隊員がゴロゴロいる。今回の災害派遣でも、退官間近の空挺団の隊員が「最後の派遣、是非、自分に行かせてください」と率先して被災地に来ていた。

若い隊員には将来がある。ホウ酸投下作戦によって被曝した場合、将来どのようなことが起きるか分からない。ここは六十歳に近い年寄り、〝還暦空挺団〟の出番だ。退官間近な腹心の部下達の顔と名前が浮かんだ。

「これは俺たち、空挺団じゃなければできない。これをやらなきゃ、福島は立ち入り禁止区域になって日本が分断されてしまう。空挺団には強者がいっぱいいる。俺も最後は行く。邪魔にならないように、ヘリコプターで陣頭指揮するぞ」と決意を口にした。

「お前ら止めても無駄だぞ」

その時、故郷の「八幡鶴市神社《はちまんつるいち》」にまつわる「人柱」の逸話が脳裏に浮かんだ。決死のホウ酸投下作戦を、私の心の中で「鶴市作戦」と名付けたのだ。そして、ミーティングの場で、子どものころから何度も聞かされた「お鶴と市太郎」の伝説を皆に聞いてもらった。

「鶴市作戦」という名は、私が退官後、岡部教育訓練部長か清水最先任上級曹長が、毎日新聞の瀧野隆浩記者に取材を受けて話したようだ。

「お鶴と市太郎」の悲話

私の故郷・福岡県築上郡上毛町（出生当時は築上郡新吉富村）は、山伏の修行道場「日本三大修験山」として名高い霊峰・英彦山《ひこさん》に源を発する山国川の中・下流域の左岸に位置している。右岸は大分県中津市。今は山国川を県境として福岡・大分両県に分かれているが、江戸時代は豊前《ぶぜん》国下毛《しもげ》郡中津に藩庁をおいた豊前中津藩の領地だった。山国川の堆積物によって形成された沖代平野の一角である。

この山国川が中流域から下流域にかけて大きく左に曲がり緩流になる。その右岸（中津市）の小高いところに「八幡鶴市神社」という伝説の神社がある。この神社には、地域の人々で知らない人がいない連綿と伝えられている物語があるのだ。

一一三五年（保延元年）、沖代平野一帯の耕作のため築いていた山国川の井堰《いせき》（流量を調節したりするために川水をせき止める所）がたびたび決壊、山国川が氾濫した。そこで地域を治めていた七人の地頭が集まった。地頭の筆頭格である湯屋弾正基信《ゆやだんじょうもとのぶ》が、「井堰は昔から人柱を立てなければ難しいと言われている」と言い出した。地頭たちは相談の結果、七人の中から人柱を出すことに決めた。人柱を立て神の加護にすがるわけである。

誰が人柱になるか——。七人の地頭達は、船に乗り、袴《はかま》を川に投げて一番早く沈んだ袴の持ち主が人柱になると決めた。その結果、人柱を言い出した基信の袴が一番早く沈んだ。

基信は、人柱になるに際して一室にこもって断食・斎戒《さいかい》して身を清めていた。すると、基信の家臣、布留野《ふるの》源兵衛重定の娘・お鶴とその子・市太郎が「ご先祖からの恩に報いるのはこの時だ」と、主君の身代わりとして人柱になることを申し出てきたのだ。

はじめは母子の申し出を断った基信だったが、お鶴と市太郎のあまりに固い決意に折れ、お鶴を妻に、市太郎を養子にすることで、母子が人柱になることを承知した。

二人は七日間の断食沐浴の後、八月十五日、白無垢に身を清めて井堰の中に塗り込められた。奇しくも八百十年後のこの日は、第二次世界大戦の終戦記念日である。

以来、井堰は洪水でも決壊することなく、地域の人々の命と生活を守り続けた。母子の御霊は、五六四年（伝欽明天皇二十五年）に創建された八幡神社に合祀《ごうし》され、「八幡鶴市神社」として今も地域の人々の信仰を集めている。幼い時の遠足の定番コースだった。

お鶴と市太郎の逸話は特別に学校で学んだわけでもなく、地域の悲話・美話として代々伝え続けられてきているものだ。現在でも毎年八月下旬、お鶴と市太郎の慰霊と豊作を祈願した「鶴市花傘鉾神事《はなかさほこ》」が行われている。数十台の傘鉾が山国川の流域を練り歩き、子ども達は祭りを楽しむとともにこの逸話を思い出すのである。

どんなに時代は変わろうとも、人のために自らが犠牲となり、命を捨てるという「鶴市物語」の心は、人々の心の中に生き続けている。夜中のミーティングでも、皆、じっと聞いてくれた。幸い、その後、放水等によって原子炉の冷却が進み「鶴市作戦」は実行に移されない「幻の作戦」となったが、私にとっては生涯忘れられないコードネームである。

ヘリ放水で流れが変わった

三月十六日、午後一時四十六分。北澤防衛大臣と折木統幕長が官邸に行き、菅総理に「四号機への放水をやります」と報告。自衛隊の最高司令官である総理は「そうか、やってくれますか」「自衛隊は何でもできるんですね」とほっとした表情で言ったという。

午後二時二十分。放射線モニタリング用のＵＨ60ブラックホーク（中型多目的ヘリ）を先頭に、放水作戦を担うＣＨ47チヌーク二機が仙台の霞目駐屯地を飛び立った。

ところが、四号機近くに到達するとヘリ外部の放射線量が高く、警報器が鳴りっぱなしになった。暗くなることもあり、金丸第一ヘリコプター団長はＣＲＦ宮島司令官に作戦中止を要請、折木統幕長は「最初は無理するな。一回、帰って来い」と作戦中止を了解した。

断固やるものだと思っていた私は統幕長室に駆け込み、

「何をやっているんですか。時間がないじゃないですか！」と、統幕長に食ってかかった。折木統幕長は自分の前任の陸幕長でもあり、防大の二期先輩にあたる最も尊敬する先輩だが、思わず、食ってかかってしまった。

モニタリング機の被曝状況を尋ねると、高度五百フィートで機外の空間線量は二百四十七ミリシーベルトだったという。しかし機内の空間線量は、幸い予想以上に低く、隊員が付けていた線量計の数字は六十ミリシーベルト。「年間百ミリシーベルト」の基準内だった。タングステンシート等の放射能防護措置が功を奏しているようだ。これならできる。

「明日は絶対にやりましょう。早く水を入れないと大変なことになります」と言い終えて統幕長室を出た。

三月十七日、午前八時五十八分。ＣＨ47が霞目駐屯地を飛び立った。

放水目標は四号機ではなく三号機に変更された。中特防の岩熊隊長以下六人が爆発事故に遭ったあの三号機である。前日ヘリに同乗した東電社員が、四号機にちらっと光る冷却水を発見、四号機にはまだ水が入っていることが分かったので、三号機への放水へと作戦変更されたのだ。

隊員の搭乗は通常業務の搭乗ローテーション通りに行われた。隊員の錬度は変わらない。困難な任務だが、現場指揮官には「誰がやっても同じ」という自信と信頼があった。

ヘリからの放水はテレビ映像でご記憶の方も多いと思うが、作戦はCH二機で計四回、三十トンの海水が原子炉に放水された。

「ヘリ放水は象徴的な意味しかない」という批判があったのも事実であるが、この放水作戦の映像を見て、菅首相との電話協議でオバマ米大統領は、

「テレビで見ていたよ、素晴らしい」と評価した。実際、この映像によって、日本政府が本気で自衛隊を使い原発事故に対応しているとみて、米軍も本気になっていったのである。

「無謀な作戦」だが実行する使命

ヘリコプターによる放水作戦は、ある意味では「無謀な作戦」だった。なぜなら、原発の上空がどうなっているのか十分に分からない。五十m上空の放射線量も確認できない。一〜三号機の原子炉内部の状況も分からない。メルトダウンしているのかどうかも確認できない。敵の戦力が

分からないまま決行しなければならなかった作戦だった。

そのため、ヘリ放水当日の十七日、震災後初めて行った防衛省での陸幕長定例記者会見では、各社の記者達にずいぶん責め立てられたものだ。

「隊員の被曝の程度はどれくらいか」「健康への影響は?」から始まって、あげくの果てには、「陸幕長が無理に行かせたのではないか」「陸幕長は隊員の命を危険にさらさせたのではないか」とかみつく記者もいた。

正直言って私にも「絶対安全」の確信はなかったが、これは私が「やります」と言って受けた大臣命令に基づく統幕長からの指示だ。前日のモニタリングの結果、隊員の線量計の数字は基準内だったし、万が一、作戦中に基準値を超えそうになったら「隊員を交代させる」と考えていたのは事実だ。しかし記者会見で、そうは言えない。ましてや、自衛官が人柱となりかねない「鶴市作戦」を考えていることなど間違っても口にできない。

放水による原子炉の冷却効果はどうか、何回やれば一定の効果が出るのか――われわれのほうでは分からない。ヘリからの放水時には地上の作業員が退避しなければならないので、作業効率性の議論もあった。そんなリスクをすべて含んで、われわれは命令を実行するだけなのだ。しかし当初、この日予定されていたヘリ放水第二弾は中止、十八日に実行できるよう準備することになった。そして地上では陸海空三自衛隊の消防車による三号機への放水が始まっていた。

自衛隊の使命は「最後は生贄《いけにえ》になる」ことかもしれない。かつて福田赳夫首相が日本赤軍派による「ダッカ日航機ハイジャック事件」（一九七七年＝昭和五十二年九月）の際、「人命は地球より重い」と言って超法規的措置をとったが、自衛隊員には人命よりもっと重い「使命」がある。もちろん隊員の命は重い。「死」とか「恐怖」とかは、「その時は儘《まま》よ」と平気な顔をしているが、実は内心はそうではない。「死ぬかもしれない」といつも緊張していた。旧軍の「特攻隊」のような考えではないが、現在の自衛隊の置かれている状況からして、ヘリ放水作戦は「これしかない選択」だった。

当時、内閣府の原子力委員会の近藤駿介委員長が個人的に作成し政府に提出、のちに公表された「福島第一原子力発電所の不測事態シナリオの素描」は、

《一号機の水素爆発で原子炉格納容器が壊れ、注水による冷却ができなくなった二号機、三号機の原子炉や使用済み燃料プールから放射性物質が放出され、半径一七〇km以上に住む人々は強制移転区域、東京都を含む半径二五〇kmに及ぶ地域が希望者の移転（任意移転）を認める区域となる》

としている。

それほど、原子炉水素爆発、メルトダウンの危機、その後に起きる日本列島分断の危機は深刻だった。日本はあの時「国家存亡の機」に直面していたのだった。

われわれも「鶴市作戦」のほかにも多くの「決死的作戦」を計画していた。その想定事象と作戦の詳細は記せないが、例えば、いざとなったら戦車や装甲車で原発に突入して東電の職員らを救出する。そのために、放射線の遮断率が高い七四式戦車二台や九六式装輪装甲車（ＷＡＰＣⅡ型）の上部に手すりをつけて改造したものを配置していた。一台で一人でも多くの人を運ぶにはどうすればいいか、バケットに載せて運ぶことは可能かどうか、全員避難のためには戦車と装甲車が何両あればいいか等々、徹底的に調べ、戦車や装甲車を改造するなど、いつでも行動に移せるように準備していたのだ。

そんな時、どこで聞いたのか、宮島中央即応集団司令官から電話があった。

「陸幕長、（原発現場に）行くそうじゃないですか。私も行きますよ。その時は必ず声をかけてくださいよ。私も陸幕長もレンジャーですので、ロープ伝って下りれば大丈夫でしょう」

「おお、最後は俺が行くぞ。お前も俺も（陸上自衛隊で）ここまでやらせてもらったのだから、もういいやな。こういう時は年寄りが行けばいいんだ」

格好つけるわけではないが、気持ちは吹っ切れていた。こういう時は、怖いものはない。穏やかな心境だった。

地上放水も自衛隊が主導

ヘリからの放水が行われている時、統幕長から「地上からも放水してくれ」と、三号機への地上放水の指示があった。

「陸上自衛隊にそんな立派な装備はありませんよ」と答えると、統幕長は「航空基地にある救難消防車を使えばいい」と言う。

陸海空自衛隊はそれぞれ航空機用化学消防車を所持している。航空機、ヘリの事故に備え、火災を消し止め搭乗員を救出する救難用車両だ。陸上自衛隊では「救難消防車」と呼ぶが、海上自衛隊では「化学消防車」、航空自衛隊では「空港用化学消防車」と呼ぶ。

陸海空それぞれから「消防車」が出動したが、最新型の消防車は水槽容量一万二千五百リットル、薬液槽容量八百五十リットルの大型車で最大射程八十m。しかも放水銃はコックピット内から操作できるようになっている優れものだ。

しかし問題はいくつもあった。まず、これまで同様の情報不足だ。救難消防車が三号機のどこまで近づけるのか分からない。そこで偵察したところ、空間線量が五百ミリシーベルトを超えるものすごい線量のところもあるが、三号機周辺は毎時十～二十ミリシーベルトだった。これなら何とか近づける。

するとと今度は、北澤防衛大臣が「陸幕長、警察が（放水を）やりたいと言っている。自衛隊の化学部隊が（現場の放水を）指揮できるか？」と聞いてきた。機動隊がデモ隊鎮圧のために使った放水車を使うというのだ。だが、防衛省と警察庁、省庁の枠を超えた指揮は難しい。

「うち（陸上自衛隊）が指揮して警察官が死んだりしたら、誰の命令でやったのだと問題になります。われわれは総理、防衛大臣からやれと命令を受けて動いているが、警察庁は誰が責任を取るのですか？　われわれが（警察部隊に対して）やれることは援助までです。例えば、化学防護隊がそばにいて『放射線量が高いから撤退しろ』というような側面援助は可能です。それでよろしければやります」と答えた。大臣もそれで了解した。

三月十七日正午前、常磐自動車道の福島・四倉パーキングエリアに陸海空の消防車五台、化学防護車二台、小型一台が集結した。隊員達は放射線防護服・タイベックス、防護マスクを身に付け、ヨウ素剤を服用。鉛の入った偵察要員防護セットも持った。予行訓練も済ませて出動命令を待った。

ところが、先に放水する予定の警察部隊がなかなか来ない。早く作業を再開したい東電もイラついていた。ヘリ放水中は作業員を退避させていたので、その分の遅れを取り戻したかったのだ。

警視庁機動隊の高圧放水車が三号機に放水を行ったのは、周囲が暗闇に包まれた午後七時五分だった。しかし、パッと放水してすぐ帰ってしまった。機動隊は四十四トンの放水を予定していたのだが、一部放水したところで水の勢いがなくなってしまい、水が届かなくなってしまったのだ。

午後七時三十五分、そのあとを陸海空自衛隊が引き継ぎ、消防車五台で計三十五トンの注水を行った。警察は最初に放水したが、その後二度と放水はしなかった。陸海空自衛隊は翌日も午後二時から七台の消防車を出して三号機へ五十トンの放水を行い、東京電力の協力企業社員が在日米軍提供の高圧放水車を使って放水したが、現場は東電、自衛隊、消防庁、警察機動隊等が入り乱れ、混乱し始めていた。官民・省庁間の枠を超えた調整をする必要性が高まっていた。

十七日夜、現地対策本部長の松下忠洋経産副大臣に「何かやれることはありませんか」と聞かれたCRFの田浦副司令官は、こうした現場の実状をつぶさに話し「中央での調整が必要です」と答えた。この意見はすぐに政府中枢に伝わったようだ。十八日午前、細野豪志内閣総理大臣補佐官名の「3月18日の放水活動基本方針について」と題した指示書が出された。

「自衛隊が一元的に管理する」との総理指示

細野指示書を読んだ時は、正直、驚いた。一〜二項、十八日の放水計画はともかく、三項目を読んで目を丸くした。オフサイトセンターの「統制権」を自衛隊が持て、「指揮をしろ」という内容だ。いくら原発が緊急事態になっているとはいえ、法律のどこをひっくり返しても、こんな「指示書」一枚で、自衛隊が他省庁を「指揮」できるわけがない。まして自衛隊に対する指揮権限を何ら持たない首相補佐官名では、何の効力も法的根拠もない。内閣総理大臣補佐官は「指揮権」の意味と重みを分かっていないのではないか。

われわれが「指揮権」という時は隊員に対する生殺与奪の権限を指す。つまり、有事の際、隊員に対して命の危険がともなう任務でも「やれ！」と命令できる権限だ。この「指示書」を根拠に、現地自衛隊の指揮官が消防隊や警察機動隊に「死ぬかもしれないが放水して来い」と命じろと言うのか。天地がひっくり返ってもそんなことができるわけがない。

番匠《ばんしょう》幸一郎陸幕防衛部長（防大二十四期卒）を呼び、急きょ対策を練った。ポイントの第一は「自衛隊の最高司令官である内閣総理大臣名の指示書が必要」ということ、第二のポイントは文末の「自衛隊が全体の指揮をとる」との表現の変更だ。

各方面との調整の結果、二十日早朝、改めて出されたのが「内閣総理大臣名による指示書」である。「自衛隊が全体の指揮をとる」との部分は「自衛隊が現地調整所において一元的に管理すること」と修正されていた。ホッとした。

それにしてもこの「指示書」は自衛隊の歴史に残る大きな出来事だった。福島第一原発災害に

指　示

平成23年3月20日

警察庁長官殿
消防庁長官殿
防衛大臣殿
福島県知事殿
東京電力代表取締役社長殿

原子力災害対策本部長
（内閣総理大臣）

東京電力福島第一原子力発電所で発生した事故に関し、原子力災害特別措置法第20条第3項の規定に基づき下記のとおり指示する。

記

1．福島第一原子力発電所施設に対する放水、観測、及びそれらの作業に必要な業務に関する現場における具体的な実施要領については、現地調整所において、自衛隊が中心となり、関係行政機関及び東京電力株式会社の間で調整の上、決定すること。

2．当該要領に従った作業の実施については、現地に派遣されている自衛隊が現地調整所において一元的に管理すること。

おける作業は、「自衛隊が各省庁・自治体・民間の中心となって調整の上、決定し、作業の実施も自衛隊が一元的に管理する」ことを内閣総理大臣が指示したのである。

しかし、現地のＣＲＦは謙虚だった。ＣＲＦ副司令官は、オフサイトセンターでは一切「指揮」「管理」という言葉を使わず、「調整役になりました」と挨拶。文字通り調整役に徹したという。これを機に、オフサイトセンターの現場も、総理指示書をきっかけに少しスムーズに動き始めた。

ヘリ映伝、サーモグラフィーを使い情報収集

地上からの放水作戦を立て実行し、各省庁・自治体・東電の作業を一元的に管理していくためには、作戦の立案実行に必要なありとあらゆる情報を正確に把握しなければならない。

まず、建屋周辺の温度をしっかりと把握しておく必要があった。一号機から四号機まで、建屋の周辺の温度はどれくらいなのか。東電に聞くと「センサーが壊れていて分からない」と言う。建屋内部はもちろん、外壁の温度も把握できていない。何か作戦はないか。

防衛省対策本部会議で防衛省技術研究本部の佐々木達郎本部長がこう言った。

「技本（技術研究本部）がＮＥＣに開発を委託しているサーモグラフィーがあります。まだ開発途中ですが、離れた場所から温度計測ができる高性能なものなので、ヘリで原子炉に近づいて建

屋の表面から内部の温度を計測できるのではないですか」

「よし、それをやりましょう。改造ヘリを使いましょう」

サーモグラフィーは高い指向性を持つ。これを使って建屋の内外、格納容器や燃料プールの温度をピンポイントで測ることになった。一晩の作業で、サーモグラフィーをCH47チヌークに取り付け、遠隔操作ができるように改造させた。タングステンシートも貼り付けた。作業は十九日未明には完了、二十日に第一回の計測飛行を行った。

サーモグラフィーによる温度調査は、かなり専門的な知識と技術が必要だ。そこで、技術研究本部の技官二人に同乗調査を依頼することになったが、技官は事務官であって、自衛官ではない。したがって自衛隊法上、災害派遣に出動させることができない。そこで「陸上自衛隊の職員」という出向辞令を出し、技官から身分変更してヘリに乗ってもらった。

計測結果は一号機から四号機まで、建屋の上部鉄骨部分の温度は全て百度C以下だった。

これで「内部の壁が燃えさかっている」「内部はブチュブチュじゃないか」等さまざま飛び交っていた未確認情報は否定された。経産省から出向していた原子力発電に詳しい鈴木英夫審議官も、この数字を見て「少なくとも建屋が燃えさかる温度じゃない。水も入っているし、放水の効果があったと確信しました」と語った。温度調査は三月二十日〜四月二十六日まで、二十五回行った。

一方、原子炉の状態を知るために、細密な写真撮影を試みた。東電も民間会社に無人ヘリでの写真撮影を依頼していたが、無人ヘリはサーと撮影してくるだけだから、細密な画像情報が得られない。陸自には通称「ヘリ映伝」と呼ばれる「ヘリコプター映像伝送装置」がある。もともとはライブの監視任務が目的だが、「ヘリ映像伝送システム」を搭載した多目的ヘリを使って、いろいろな角度や方向から細密な映像を撮影すれば、現状解明に役立つ。

三月二十三日、二十七日の両日、ヘリからカメラマンがあらゆる角度から写した写真は、燃料プールの水の状態から原子炉の状況までくっきりと写っていた。それを東電に提供すると、「小康状態だ」「(原子炉は) まだ持つ」とのホッとする言葉が返ってきた。

必死に働いた隊員達

三月十八日、予定されていた二度目のヘリからの放水は中止となった。地上での電源復旧作業を優先させることになったからである。そこで三号機への地上放水は、午後二時から二時四十二分まで陸海空自衛隊の七台の放水車で実行し、その後、東京消防庁のハイパーレスキュー隊が引き続き放水する計画だった。自衛隊が一回で放水できる量は五十~六十トンだが、ハイパーレスキュー隊の機材だと一時間に百トンの放水が可能だ。だが、肝心のレスキュー隊が現地に到着したのは午後五時半をまわっていた。しかも、原発敷地内は瓦礫が散乱しているので、海水を汲み上げるスーパーポンパーが岸壁まで近づけない。迂回路を使うと三号機までの距離が長くなりすぎて送水ができない。

ハイパーレスキュー隊は機材の設置が終わった段階で「作業困難」と判断、オフサイトセンターに撤収してしまった。その報告を受けた海江田万里経産大臣が「自衛隊が代われ！」と激怒したという。ハイパーレスキュー隊が機材の設置を終えているのに、自衛隊が出て行って放水したら彼らのメンツは丸つぶれだ。

オフサイトセンターの中でさまざまなやり取りがあった。自衛隊がハイパーレスキュー隊を励まし、結局、日付が変わった十九日の午前〇時三十分から一時十分の間、そして十九日午後二時十分から二十日未明まで二回の放水を三号機に実施し、放水のプロはそのまま東京に帰ってしまった。

テレビ中継された記者会見で、ハイパーレスキュー隊の派遣隊長が「一番大変だったのは隊員です」と声を詰まらせ涙を浮かべていたのを私は複雑な気持ちで見ていた。自衛官はその時間も現地で作業を続けている。「自衛隊が一元的に管理する」という総理大臣の指示が、われわれの肩にじわっと重くのしかかっていることを実感した。

ヘリからの放水（海水三十トン）は三月十七日の一回だけだった。「本当に水は入ったのか」「本当に冷却効果があったのか」とマスコミ世論はかまびすしかったが、総合的な放水作戦（自衛隊の放水冷却隊は、東京電力と協力して三月十七日、十八日に三号機へ約八十四・五トン、三月二十日に四号機へ二百五十三トン、合計三百三十七・五トンの放水〈淡水〉を実施）によって一号機から四号機まで水が入り、最悪の事態を防ぎ放射能が拡散する心配がなくなったのだ。

幻となった「鶴市作戦」だが、実は、その後もずっと準備を続けていた。秘かに資材の準備、ホウ酸の貯蔵場所を確認し、いつ何時、命令が出ても即刻実行できるように、準備だけは進めていた。危機管理の一環である。

二〇一四年（平成二十六年）九月の御嶽山《おんたけさん》噴火の行方不明者捜索の時もそうだったが、災害派遣の現場は厳しい。日頃から身体を鍛えあげている自衛官であっても、肉体的にも精神的にも相当にハードワークだ。しかし、任務が終了し、撤退する時には皆、手を振って別れを惜しんでくれる。特に被災者と被災現場に直接接する陸上自衛隊員は、災害派遣の苦しみと、感謝されることへの喜びをストレートに感じる。小さな災害から大きな災害まで、その繰り返し、積み重ねによって自衛隊は信頼されてきたのだと思う。

第一部　第三章

前線部隊の苦闘

発災から九日が経った三月十九日、私は現地部隊を視察する決心をした。「即動必遂《そくどうひっすい》」を旨とする自分としては、一刻も早く現地に行きたかったが、朝夕の省対策会議、現況報告を受け派遣部隊の人事・兵站支援等措置命令の発簡《はっかん》（公文書を発出すること）、記者会見に加え、通常の隊務運営、業務計画の各部への指導や決裁等、手いっぱいだった。

現場の活動状況は複数ルートで把握していた。統合任務部隊の「JTF便り」、須藤彰・東北方面総監部政策補佐官のレポート（後に『自衛隊救援活動日誌』として扶桑社から出版）や、陸幕作戦室での状況報告、発災直後に派遣した陸上幕僚監部最先任上級曹長・清水一郎准尉からの現地視察状況報告、陸上幕僚監部監察官・宮崎泰樹陸将補（発災後四月二十七日付で第十師団長・陸将）による部隊監察報告等から情報が上がってくる。また夜、直接各師団長・旅団長等に電話して状況を把握していた。しかし、「現場に真実がある」と部下を指導し、「自分の目で確認し」「肌で感じて」「適確に判断する現場感覚」を大事にしてきた自分の生き方を貫くために、早く自分の目と耳で確かめたかった。

福島第一原発原子炉の表面温度から原子炉が想像より悪化していないと確認できたこと、Jヴィレッジ常駐の中央即応集団副司令官・田浦正人陸将補から「安定化に目途がつきつつある」と直接報告を受けたことから、運用支援情報部に指示し三月二十九日に第一回目の現地視察をすることになった。

以後、計六回の現地視察を行ったが、部隊に負担をかけないよう随行者を限定させて部隊長の指揮を中断させせないように指示した。できるだけ多くの現場を訪れて隊員達を直接労《ねぎら》い激励し、災害派遣が円滑に行われるよう上級司令部として足りない事項は何かを見つけるべく、視察に臨んだのである。

第一回視察、三月二十九日（火）

ヘリで仙台・東北方面総監部へ飛ぶ

三月二十九日午前八時、防衛省屋上のヘリポートから「統合任務部隊司令部（ＪＴＦ東北）」がある仙台駐屯地に向かった。

市ヶ谷から千葉県方向に向かうと浦安市の東京ディズニーランドが見えた。液状化現象、地盤沈下によって駐車場が水没している。市原市のＬＰＧタンク爆発炎上の残骸も視認。九十九里浜から茨城県沖に入ると海岸付近は津波で水没冠水している。水田の中に無数のコンクリートブロックや石油缶などが散乱し、茨城・大洗港付近では、輸入した自動車かこれから輸出しようとして集積していた自動車か、真新しい車が多数、港に散乱していた。

平和で豊かな暮らしをしていたわが国に、突如未曾有の地震・津波がもたらした戦慄の光景に、私は目が釘付けになった。自然の持つ凄まじさに唖然とする一方、「天はなにゆえ無辜《むこ》なる日本国民にこれほどの仕打ちをするのか」と再び怒りが込み上げてきた。

鹿島灘を過ぎると、原発事故による立ち入り制限地域の上空を避けて進路を西へ変換。陸上自衛隊郡山駐屯地、福島駐屯地上空を経由して宮城県に入り、再び海岸沿いを北上した。宮城県東南端の山元町から亘理《わたり》町、岩沼市、名取市、仙台市にかけて、宮城県南部の海岸付近は壊滅的な被害を被っていた。ほとんどの水田は冠水し、そこに自動車や大小の船が打ち上げられている。仙台港付近では、工場や家屋等の建物が跡形もなく破壊されている。大津波の凄まじさを物語っていた。

陸自仙台駐屯地に到着。JTF東北の指揮官でもある東北方面総監部の君塚栄治総監らの出迎えを受け、以下、詳細な報告を受けた。

現在までの全般態勢――部隊の展開状況、JTF東北(司令部)の編成、各県との連携、戦力回復状況

現在の活動状況――活動の現状と課題、統合輸送調整業務、即応予備自衛官の活動、福島原発対応

今後の方向性――各県の現状認識、活動の方向性（見通し）

発災直後の二日間、東北方面隊の初動対応が迅速かつ的確だったのは、かねてから自衛隊と自治体が「宮城沖地震対処計画」を立て、「みちのくALART《アラート》２００８」と称した実動訓練を実施していたことが大きい。ただ、その地震の想定はＭ７、震度六強なので、被害見積もりは実際よりかなり小さかった。

「司令部の幕僚に声をかけてください」との君塚総監の言葉に応え、総監部庁舎の二棟があてられたＪＴＦ東北司令部内を視察した。幕僚とは「指揮官を補佐する幹部自衛官」のことだが、増強幕僚（二百三十人）を含む司令部七百十名の幕僚達は部屋に収まりきれず、廊下にまで机や椅子を置き、書類や資料が雑然と山積みされていた。急速な司令部増強で対処していることを物語っていた。

一目で、幕僚たちが発災以来、不眠不休で対応してきたことが分かった。みんな髭面で、睡眠不足のためか目を真っ赤に腫らしている。食事はレトルト食品で、机の横で仮眠をとりながら頑張り抜いている幕僚達。労いと激励の言葉をかけようと思ったが、若い隊員と目があった瞬間、

胸が詰まり、熱いものが込み上げてきた。不覚にも言葉が出なかった。

「ここまでよくやってくれた。ありがとう。これからもご苦労だが東北地方のために黙々と任務を遂行してくれ」と、心の中で叫んだ。部下の面前で涙を流してしまった自分の不甲斐なさを悔いたが、それ以上に幕僚達を誇りに思い、心から愛《いと》おしく感じた。

巡視が終わり君塚総監と二人になった時、次の二点を指導した。

一つは各県によって現状と課題に違いがあるため、それぞれの細かなニーズに応えるように各指揮官を指導してほしいということ。二つ目は、災害派遣をいつまで実施するか、全般作戦計画の策定およびその方向性、今後の見通しについて、陸幕、統幕と認識を共有するように、ということである。最後に、東北方面隊は、全国からの増援部隊が撤収したあとも自治体の要望をふまえ、最後まで地域住民のニーズに応えられるように、今後の業務予定と部隊運用の腹案を伝えた。

物流拠点「石巻運動公園」の主役は第六師団

宮城県内の初動対処は「第六師団災害派遣計画宮城」に基づいて行われた。山形県東根市神町に司令部を置く東北方面隊の第六師団（師団長・久納雄二・陸将）は発災直後、

●第二十二普通科連隊（宮城県・多賀城駐屯地。連隊長・國友昭・一佐）を宮城北隊区

●直轄部隊の第二施設団（宮城県柴田郡・船岡駐屯地。団長・秋山淳・陸将補）を宮城南隊区

●直轄部隊の東北方面特科隊（仙台駐屯地。隊長・福島司・一佐）を仙台市宮城野区・若林区

へ派遣し、人命救助優先の初動対処をしていた。

一方、福島県においては、第四十四普通科連隊を基幹とする福島駐屯地所在部隊と、第六特科連隊を基幹とする郡山駐屯地所在部隊が展開、福島県庁などに連絡員等を派遣していた。発災から十九日後、視察時点での部隊配置は以下のように変更され、それぞれの担任地区で行方不明者の捜索、瓦礫除去、避難者の生活支援を実施していた。

●第二十普通科連隊（山形県東根市・神町駐屯地。連隊長・冨田晃生・一佐）が石巻、牡鹿地区

●第二十二普通科連隊が宮城野区、若林区を除く仙台市、七ヶ浜町、利府町、塩釜市

●第四十四普通科連隊（福島駐屯地。連隊長・森脇良尚・一佐）が石巻市東部地区

●第六特科連隊（郡山駐屯地。連隊長・壁村正照・一佐↓四月十九日付で異動、後任は兒玉恭幸・一佐。※以下矢印で複数名表記している場合は、同日付の人事異動によるもの）が東松島市、松島町

●第六戦車大隊（宮城県黒川郡・大和駐屯地。大隊長・諏訪国重・一佐）は東松島市東部を担任していた。

東北方面総監部の武内誠一幕僚長（陸将補）に案内され、石巻総合運動公園に移動した。地元

自治体との連絡調整所と師団段列《しだんだんれつ》（師団の部隊への補給整備支援を担う拠点）を視察し、第六師団隷下の第六後方支援連隊長・中村賀津雄一佐から報告を受けた。

第六師団の段列は三月十八日に、宮城県の王城寺原《おうじょうじはら》演習場（加美郡、黒川郡にまたがる陸自の大規模演習場）から石巻総合運動公園に移設。第六後方支援連隊は第六師団の活動を支えるとともに、救援物資の倉庫管理と輸送を実施していた。膨大な物資が集積されている同公園では、第六師団を中心に民間車両も少しずつ動き始めていた。

「急遽、民間支援物資輸送システムを作った効果がありました」との心強い報告を受けた。私は「当面必要な支援物資は石巻までは届いている。この支援物資を被災者の要望に応じて適時適切に配分し被災者の元に届ければ、当面はしのげる」と判断した。そして「今後は救援の質の向上が求められてくる。これに適確に応えていくように」と指導した。

福島駐屯地から宮城の石巻運動公園に拠点を移していた第四十四普通科連隊、森脇良尚連隊長が次のような現状報告をした。

「発災当初は福島県で初動対処しておりましたが、三月十二日、第十二旅団の進出にともない第六師団長の命令により石巻市、女川町を担任しております。われわれは宮城県の被害の大きさを十分理解し、全力で行方不明者捜索、生活支援を実施中であります」

どうも歯に物が挟まったような言い方が気になった。何か言いたそうな感じがしたので、「何

か希望があるか？」と聞いてみた。すると、

「私は福島の連隊長です。福島も今大変な時です。私らの部隊は福島のために何も貢献していない。それが心残りです」と言う。

森脇連隊長のそばに寄ると戦闘服が異臭を放っていた。発災直後から出動し、十二日には宮城県石巻市、女川町に転用された隊員達は、一度も着替えをしていなかったのではないか。しかも、平素の警備区を離れていることへの悔しさが、彼の顔からにじみ出ていた。

「森脇君！　君の気持ちはよく理解できる。いずれ福島に復帰して福島県のために働く日が必ず来る。今は与えられた任務に全力を注いでくれ」と諭した。そして同行の東北方面総監部の武内誠一幕僚長に、「福島、郡山の部隊はタイミングを見て福島県に戻すよう検討せよ」と指導した。

次いで車両で日和山《ひよりやま》公園から石巻市役所の側を通り、石巻市全般の被害状況を視察した。日和山公園から眼下に広がる瓦礫に覆われた石巻市街。発災直後、屋上に取り残された避難者の救助をした志津川日赤病院も視界に入る。目を左に転じると、旧北上川沿いに津波が遡上した痕跡が残る。橋桁付近まで瓦礫が張り付いている。石ノ森章太郎記念館のドーム屋根の高さ（八ｍ）まで達したという大津波の凄さに戦慄が走った。

「絶対に負けてなるものか」「絶対この戦《いくさ》に勝ってやる」「必ず陸上自衛隊が平穏な状態に戻すべく復興の先駆けとなってやる」と誓い、仙台市の霞目《かすみのめ》駐屯地に移動した。

「原発ヘリ放水」クルーに対面

霞目駐屯地は、海岸線から五㎞ほど内陸だったので津波の直接被害は免れた。そのため、第一ヘリコプター団の航空機をはじめ各師団のヘリ、宮城県消防航空隊、仙台市消防航空隊、全国のDMAT（災害派遣医療チーム）やドクターヘリ等の前線基地としての機能を果たしていた。

霞目駐屯地の東北方面航空隊長・荒関和人一佐の案内で施設等を一巡した後、福島第一原発三号機にヘリコプターからの放水作戦を敢行した中央即応集団第一ヘリコプター団のパイロット（隊長・加藤憲司二佐、機長・伊藤輝紀三佐）、整備員らクルーと会った。クルーは放水を敢行した三月十七日の出動時の服装に防護マスク、防護衣を装着して私を迎えてくれた。

彼らが危険な任務を果敢に果たしてくれたことに対して、私は敬意と労いの気持ちでいっぱいだった。心からの言葉をかけるつもりだった。だが、またしても熱いものが込み上げてきて言葉にならない。彼らの手を強く握り締めることが精いっぱいだった。今でも、あの時しっかり言葉をかけられなかったことを悔いている。「本当によくやってくれた」と本書を借りて感謝したい。

「偵察即行動」を実践した第十師団

霞目駐屯地からは宮城県亘理郡山元町にヘリで移動し、臨時ヘリポートの広場で第十師団（司令部・名古屋市守山）の河村仁師団長（陸将）の出迎えを受けた。山元町も田畑・水田を含めた広範囲の浸水被害を受けていた。車両、タンク、瓦礫が沈底していた。

宮城県南部、名取市以南の地域は、中部方面隊第十師団隷下の部隊が担任していた。

- 第三十五普通科連隊（守山駐屯地。連隊長・宍戸勇・一佐→菅野隆・一佐）は名取市
- 第三十三普通科連隊（三重県・久居駐屯地。連隊長・鬼頭健司・一佐）は岩沼市
- 第十戦車大隊（滋賀県高島市・今津駐屯地。大隊長・渡瀬隆二・二佐）は亘理町
- 第十特科連隊（愛知県・豊川駐屯地。連隊長・岡本浩・一佐）は山元町

を担任していた。

また、宮城県南部地域への生活支援のために、第十後方支援連隊（春日井市・春日井駐屯地。連隊長・真弓康次・一佐→鈴木正夫・一佐）と第三師団生活支援隊（伊丹市千僧駐屯地）が十六日から給食・給水支援、入浴支援活動を実施していた。

第十師団は発災翌日の十二日朝、師団幕僚長を長とする先行班を派遣した。宮城県南部の担任

を調整し、十二日昼には師団長および主要幕僚と先行部隊の第三十五普通科連隊が宮城県柴田郡・船岡駐屯地に到着、船岡駐屯地の第二施設団（団長・秋山淳・陸将補）と被災状況の確認、申し送りをし、十三日早朝から人命救助活動にあたっていた。

　第十師団の展開は、実に迅速で適切だった。緊急を要し、状況が不明な場合の初動は「偵察即行動」が必要なのだ。偵察結果を待って投入要領を検討していては遅い。救える命も救えなくなる。第十師団の幕僚達は直接現地で調整を行い、部隊投入構想を練り、後続部隊を次々に投入した。投入部隊は「偵察即行動」が前提で、行動しつつ情報収集しなければならない。河村師団長はこのことを十分認識したうえで即動したのだと思う。

　山元町の被災現場では、第十特科連隊の岡本浩一佐以下隊員達が腰の付近まで水に浸かりながら、手仕事による丁寧な行方不明者の捜索を続けていた。三月下旬の仙台、水は氷のように冷たかった。冠水を免れた地域は、西部方面隊の第五施設団（福岡県・小郡駐屯地。施設団長・赤松雅文・陸将補）の重機械を併用して瓦礫を除去、捜索を続けていた。

　他の地域と比べて瓦礫の量が少ない感じがしたが、現場はもともと田畑が広がっていた低地で、汚泥の中にマイクロバス等の大型車両までが沈んでいた。「国土交通省のポンプによる水抜きをしたのち、行方不明者の捜索を実施する」との報告を受けた。

部隊展開から二週間余り。陸地の部分はひと通り、手作業による行方不明者捜索を終えていた。

今後必要なものは、重い瓦礫を除去する「グラップルや湿地を自在に動けるキャタピラー付き運搬車のような重機械」と私はメモ帳に書き込んだ。

ご遺体の搬送巡って警察とひと悶着

河村師団長からは、想像もしなかった報告を受けた。「ご遺体の収容を巡って警察との間でひと悶着あった」というのだ。

行方不明者の捜索は自衛隊・警察・消防が協力しながら進めていた。自衛隊や消防がご遺体を見つけた場合、まず、近隣で捜索作業中の警察官に通報する。駆けつけた警察官が発見場所で「現場検証」をし、「検死」「収容」を行い、ご遺体を遺体安置所に「搬送」する。つまり、警察官が死因に事件性の有無を確認する検死をしたのち、警察官が収容・運搬を実施する。この職務分担は、昼間はスムーズにいっていたが、警察官不在の夜間にひと悶着起きたという。

日が暮れて警察官が宿舎に引き上げたあと、自衛隊だけが名取地区に残って捜索活動を継続していた時のこと。「一刻も早く行方不明者を発見しよう」と使命感にあふれた隊員達が懐中電灯を照らして捜索を続けていたところ、一人のご遺体を発見した。ところが、現場には検視する警察官がいない。「寒空の下に放置しておくのは忍びない」と、自衛隊員はそっと丁寧に、ご遺体を傷つけないように瓦礫の間から引き出して仮安置した。このことで、あとから警察官に「なぜ遺体を動かしたのか！」と問い詰められたという。

警察側の主張は「無断で遺体を移動した」ということだ。あまりにもしつこく問い詰める警察官に隊員が反論したところ、「逮捕するぞ！　検視の終わっていない遺体を動かした容疑だ」とまで言われたそうである。

法律施行上、警察官の主張は正しい。間違ってはいない。だがこの言葉は暴言に近いと言わざるをえない。自衛官に検死の権限がないことは個々の自衛隊員も承知している。しかも自衛官は、行方不明者捜索中にご遺体を発見した場合、被災者家族の心情にも配慮し、警察の検死で死亡が確認されるまでは「ご遺体」ではなく、あくまで「行方不明者」として扱うように訓練されている。災害現場でご遺体を発見したら、土砂等による汚れを落とし、少しでも早く安置所に運んであげたいと思うのが人の情だろう。しかも、警察官も人手不足の災害派遣中の出来事である。

その場は名取市の市長が「隊員の方を逮捕するなどもってのほかです。私が自衛隊の皆さんに捜索をお願いしているのだから、逮捕するなら私を逮捕してください」と言って収まったというが、災害派遣の現場では今後も同じような問題が起きる可能性がある。自治体・警察との調整で、ご遺体の収容および安置所への搬送を自衛隊が実施した地域もあるが、捜索・検死・収容・搬送の手順については、警察・消防と緊密に調整しておかなければならないだろう。

この「ひと悶着」に関連しては、こんな後日談を聞いた。

警察署で警察官がご遺体を検死する際、柄杓《ひしゃく》で顔に水をかけて泥などをふき取るだけで識別、検死して収容搬送していたという。それを見た自衛隊員は「衛生的でないうえ、ご遺体に対する尊厳性、配慮に欠ける」と憤慨したという。それを聞いた河村師団長は隊員にこう指示したという。

「警察がどうやろうと、われわれはご遺体を丁寧に洗って汚れを落としてから安置所に運ぼうじゃないか。ご遺族の気持ちを思えば、泥だらけのご遺体をそのまま運ぶには忍びないからな」と。

その後、角田市災害対策本部からの要請もあり、第十師団隷下の第十化学防護隊が装備する除染セットを使用して、臨時の「ご遺体処理施設」を作った。そこでご遺体の泥をきれいに落とし、ご遺体袋等に収めて仮安置所まで搬送する検死支援活動を開始、三月十八日から視察前日の二十八日までの間に、三百十八体を洗浄したとのことだった。

前線には、市ヶ谷にいては分からない真実がある。視察に来なければ分からなかった真実を知った私は、再びヘリで福島県相馬市に向かった。

津波被害に施設科部隊が本領発揮

視察前に「福島県では特に相馬市と新地町の被害が大きい」「津波被害の復旧が難航している」

との報告を受けていた。困難な現場こそ自分の目で確かめなくてはならない。

中部方面隊（総監部・伊丹駐屯地）の即応近代化旅団・第十三旅団（広島県安芸郡・海田市《かいたいち》駐屯地）の海沼敏明旅団長（陸将補）の案内で、第四十六普通科連隊（同）の大元宏朗一佐以下が行方不明者捜索を実施している相馬市郊外、松川浦を視察した。

松川浦は『万葉集』にも詠《うた》われた風光明媚な県立公園の潟湖《かたこ》だが、海に面した半島の両方から津波に襲われ町は壊滅した。隊員達は腰まで水に浸かり、ポンプで排水をしながら捜索を続けていた。師団の連隊と比べ旅団の連隊は人員規模が小さい。したがって、一人一人の隊員にかかる比重は師団の連隊よりも大きい。黙々と捜索にあたる隊員達に頭の下がる思いだった。

第十三旅団は三月十六日に広島県の海田市駐屯地を出発、十八日に旅団指揮所を栃木県宇都宮駐屯地に開設した。しかしその後、福島県を担任していた東部方面隊の第十二旅団(群馬県榛東村・相馬原駐屯地。旅団長・堀口英利・陸将補）が、福島第一原発事故への対応と被災地の応急復旧支援活動との連携を図る任務となったため、第十三旅団は第十二旅団を支援する形で、第十二旅団担任の外周部に配置された。

つまり、福島県南西部および相馬市、新地町は第十二旅団が担任、その外周部は全て第十三旅団隷下の以下の部隊が配置されていた。
●第八普通科連隊（鳥取県・米子駐屯地。連隊長・豊留廣志・一佐）と第十三偵察隊（島根県出

雲駐屯地。隊長・平松良一・二佐↓岡本宗典・二佐）がいわき市
●第十七普通科連隊（山口県・山口駐屯地。連隊長・森下喜久雄・一佐）が白河市
●前出の第四十六普通科連隊が相馬市
●いずれも岡山県勝田郡・日本原駐屯地に本拠がある第十三特科隊（隊長・本間敏弘・一佐）、第十三戦車中隊（中隊長・前川成人・三佐）、第十三高射特科中隊（中隊長・安岡拓雄・三佐↓根元茂信・三佐）の三隊が相馬郡新地町
を担任。

今回の災害派遣では当初から施設団を投入した。緊急車両等の通行のために最低限の瓦礫処理と段差修正をする道路啓開《けいかい》をはじめ、道路の補修、架橋、水中捜索、ポンプによる排水等の初期復旧に施設科部隊の装備と技術、経験が役に立つと考えたからである。

福島県全体の施設支援は、西部方面隊の第五施設団（福岡県・小郡《おごおり》駐屯地）が担任していたが、第五施設団長の赤松雅文・陸将補の報告によると、三月十四日以降、隷下の第二施設群（福岡県・飯塚駐屯地。群長・立野昭二・一佐↓山下和敏・一佐）を新地町に、第九施設群（福岡県・小郡駐屯地。群長・小瀬幹雄・一佐↓橋本功一・一佐）を南相馬市に派遣していた。

施設団は家屋の解体などにも使われるグラップルがついた重機を投入して瓦礫を除去し、第十三旅団の行方不明者捜索支援を実施した。さらに、94式水際地雷敷設装置《しきすいさいじらいふせつ》（敵の上陸を阻止す

るため水際に地雷原を構築する水陸両用車両）や民間の機材を活用して、相馬港およびその周辺水際部の行方不明者の捜索を実施していた。

現場を視察して施設団の本領が十分に発揮されていることを確認、施設科職種の有効性を再認識した。津波をともなう災害では道路、橋梁が破壊され、水没や冠水地が広範囲に広がる。施設科部隊の支援なくして有効な救助活動はできない。

陸上自衛隊は「〇七防衛大綱」以降、施設科部隊を縮減してきたが、今回の教訓から増強を再検討する必要があると確信した。

相馬市からは原発放射線被害を受けた相馬郡飯館村にヘリの機首を向けた。

飯館村避難支援、第一空挺団の願い

政府から「屋内退避指示」が出ていた福島第一原発から二十km～三十km圏には、中央即応集団隷下の第一空挺団（千葉県船橋市・習志野駐屯地。団長・山之上哲郎・陸将補）が派遣されていた。「避難指示」が出された場合に備えて、要救助者の救出、避難支援のために周到な準備を重ねていた（三月二十五日、政府は屋内退避指示圏内の住民に対して「自主避難」を要請した）。

第一空挺団は発災直後、東部方面隊第一師団長（東京・練馬駐屯地。師団長・中川義章・陸将）

の指揮の特例を受けて「千葉県担当部隊」として千葉県印西市、浦安市等の被災地で活動していた。しかし福島第一原発三号機の水素爆発以降、急遽、福島県に転用され、第十二旅団とともに要救助者救出準備をしていたのだ。

指揮所は郡山駐屯地に開設、第一空挺団の隷下部隊は

●第一大隊（大隊長・古越万紀人・二佐）が田村市総合運動公園
●第二大隊（大隊長・赤羽敏夫・二佐）が飯舘村スポーツ広場
●第三大隊（大隊長・荒木貴志・二佐）がいわき市上荒川公園

それぞれ前方待機位置を設定し、天幕で野営をしながら住宅一軒一軒を訪ね、避難支援を要する家と人数を掌握確認する作業をしていた。飯舘村など二十㎞圏外の五市町村等が「計画的避難区域」に指定されたのは四月十一日である。視察した三月二十九日の段階で要避難者を把握していた組織は、自衛隊をおいてなかったと思う。

私は、第二大隊が宿営する飯舘村スポーツ広場を視察した。その理由は、大いに気になっていることがあったからである。

陸上自衛隊は三月十四日の三号機水素爆発以来、福島県内で活動する全隊員に、現場での放射線量が毎時シーベルト（SV／h）で表される「線量率計」を持たせていた。毎日、各人の被曝量を測定・記録し陸幕へ報告させていたが、飯舘村に宿営する第二大隊だけが増加積算されてい

たのである。

政府は三月十五日に、飯館村の一部を含む二十km～三十km圏に「屋内避難指示」を出してはいるが、スポーツ広場付近の住民は通常の暮らしを続けていた。しかし私は「飯館村に放射能の高いところが存在するのではないか」との懸念を抱いていた。SPEEDI《スピーディ》（緊急時迅速放射能影響予測ネットワークシステム）の図面でもその可能性を確認していたが、これはあくまで予測である。自分の目で実態を確認せねばならない。

山之上哲郎第一空挺団長から二十km～三十km圏内の住民の残留状況、南相馬市住民避難作戦計画の概要、放射線被曝状況を聞き、さらに赤羽敏夫・第二大隊長から細部の活動状況の報告を受けた。

調整戸数一万三百七十九。不在戸数八千七十九、在宅戸数二千三百を確認。要救助者二百六十七人、支援不要者約一万人とのこと。さすが第一空挺団である。与えられた任務を徹頭徹尾忠実に遂行している。

忠実な任務遂行に感動し心から慰労の言葉をかけたが、団長以下ただうなずくだけで反応が少ない。だが、第一空挺団の団長を経験した私には、彼らの気持ちが痛いほど分かった。彼らは口にこそ出さないが、こう思っていたのだろう。

「避難支援準備という地味な仕事をいつまでさせるのか」「この任務なら他の部隊や行政機関で

もできるではないか」「岩手や宮城で活動している隊員のように、もっと厳しい過酷な任務を与えてほしい」

とはいえ、部隊や隊員の気持ちを忖度《そんたく》して作戦、配備を変えることはできない。

「今はこのまま任務を続行しておけ。ただ、隊員の被曝線量が飯舘村だけ多いので、現在の前方待機位置を変更するか、天幕野営でなく屋内待機とせよ」と訓示した。

山之上団長からは「今われわれが飯舘村から離れると、村民の方が不安に思われる。ここに位置させてもらいたい」との要望が述べられたため、「団長の要望は最《さい》である。ここにいてもいいが、天幕野営はやめ、被曝線量の軽減策を図るようにせよ。例えば、体育館等に入って待機するなどの処置をとるように」と指導し、最後にこう話した。

「諸君が現在の任務に物足りなさを感じていることは十分理解している。原発事故前、われわれ自衛官の年間被曝線量限度は百ミリシーベルトだった。三月十四日に二百五十ミリシーベルトに引き上げられたが、今の状況でこの場所に長期間待機していては、二百五十ミリシーベルトの暫定基準を超える危険がある。原発は現在小康状態だが、いつ何時最悪な事態になるとも限らない。原発内には東電の職員もいる。十㎞圏内に住民も残っている。職員、住民の救出、原子炉へのホウ酸投入などが必要になってくる場合もある。私は、その時は諸君に最先頭に立って行動してもらうことを考えている。その時に備えて、個人の被曝線量が限度を超えないように待機していて

馬市に移し、任務を続行した。

もらいたい」

山之上第一空挺団長、赤羽第二大隊長は「最後は〝特攻〟もあるのか」「ならば、その時に備えなければ」と得心したようだった。後日、第二大隊は待機場所を飯館村スポーツ広場から南相馬市に移し、任務を続行した。

三号機爆発事故に遭遇した岩熊一佐の話

次に、南相馬市の除染所を視察した。中央即応集団隷下の中央特殊武器防護隊（埼玉県大宮駐屯地）が福島第一原発の不測の事態に備え、福島県下の主要な避難経路上にスクリーニングポイントと除染所を開設運営していたのだ。

中央特殊武器防護隊は発災当日の「原子力災害派遣命令」に基づいて東北方面隊に派遣され、福島第一、第二原発への対処命令を受け、その任務は逐次増加されていた。日頃は地味で目立たない存在だが、陸上自衛隊の対ＮＢＣ兵器（対核・生物・化学兵器）専門の化学科部隊である。原子力事故においても他の機関には代替手段がほとんどなく、国や自治体にとっても自衛隊にとっても実に頼りになる存在だ。

除染所はＪヴィレッジ、福島県立医大等、順次、県内十五ヵ所に開設された。その一つである南相馬市の相双《そうそう》保健福祉事務所そばの除染所を訪れ、県職員がスクリーニングを行っている状況や、除染が必要と思われる人や車を自衛隊が除染する施設を視察した。案内役は中央特殊武器防護隊の岩熊真司隊長（一佐）だった。

住民を対象とした除染所の開設運営のほか、放水部隊や各種ヘリ等に対する除染所の開設運営、原発放水部隊に同行する放射線偵察、さらには状況急変に備えての待機任務等、放射線対処専門部隊としての八面六臂《はちめんろっぴ》の活躍が、現地の福島県職員をはじめ関係各位から大いに頼りにされていることが肌で分かった。

意外な発見もあった。福島県は以前から原発事故を想定し、除染所を開設した場合に必要となる除染対象者の着替えの服やスリッパ、タオル等を準備していたのだ。数は限られていたが除染所に備えられたこれらの必需品は県からの支給品だった。

岩熊隊長には「緊張感をもって待機し、必要な時に即動できるようにしておくように。除染をする設備には問題はないか、汚染水の処理、着替えの不足、救急救命の処置など、常に考えて課題の克服に努めてもらいたい。そして陸上幕僚監部で処置してほしいことは遠慮なく要望してもらいたい」と指導した。

会談中、岩熊隊長から生々しい話を聞いた。第二章で詳述したように、岩熊隊長は三月十四日の三号機水素爆発事故に遭遇した当事者である。

岩熊隊長によると、その日は、放水要請を受けた三号機の事前視察のため、朝から隊長以下六名が小型一両、水タンク車二両で三号機に向かった。三号機前に到着しドアを開けようとした瞬間、「ドッカーンと大きな爆発音があり、爆風で窓ガラスが割れ、水タンク車両が横転、コンクリートの塊がドーンと車両の屋根などを直撃した」そうである。

幸い全員、まだ車両の中にいたため、コンクリート塊の直撃は免れた。助手席の隊長は負傷しなかったが、車両の屋根がペシャンコに潰れ、運転手や水タンク車の乗員等四名が頸椎捻挫や裂傷等の大けがを負った。まさに間一髪の出来事だったのだ。もし現場到着がもう少し早かったら、車両から降りて行動していただろう。そうであったら、全員がコンクリート塊の直撃を受ける惨事となった可能性があった。

原発に関しては、原子力災害派遣計画で定められた任務以外に「個々の要請を受けて支援していればいい」と判断していたが、三号機の水素爆発事故はその認識を根底から覆した。よく助かってくれた。隊長の武運の強さを喜ぶとともに、負傷した隊員には「大変申し訳ないことをしてしまった」と大いに反省した。

当時マスコミは、盛んに原発の危機的状況を報道していた。だが私は、政府や原子力保安院から「特別危険である」という情報がないことを鵜呑みにして、「マスコミ報道はいつものように危険を煽っているのではないか」と事態を軽く見て、あまり気を遣っていなかったことは確かだった。今となってはあとの祭りだが、あの時もう少し原発事故実態を分析し、陸上自衛隊としてやるべきこと、やれることを整理し、防衛大臣等に意見具申しなかったのか――自分の感性のなさを反省している。現役の幹部自衛官、後輩の皆さんにはこのことを心にしかと銘記していてほしいと思う。

施設・高射学校も出動させた東部方面隊

一回目の視察も終わりに近づいた。最後の視察地、茨城県ひたちなか市・勝田駐屯地の陸上自衛隊施設学校（防衛大臣直轄機関）にヘリで到着した時、辺りは暗くなっていた。東部方面総監の関口泰一陸将（防大二十期卒）から状況報告を受けた。

首都・東京をはじめ十都県の防衛警備を担任する東部方面隊も発災直後から即動していた。第一師団（東京・練馬駐屯地）は「第一警備区内での災害派遣時、第一師団長は陸自の学校等の機関を指揮することができる」との「指揮の特例」に基づき、第一警備地区内の部隊（第一空挺団）および各職種学校等の機関を茨城・千葉両県へ派遣した。

さらに東部方面隊は、第十二旅団（群馬県榛東村・相馬原駐屯地。旅団長・堀口英利・陸将補↓塩崎敏譽・陸将補）と、第一施設団隷下の第五施設群（新潟県上越市・高田駐屯地。群長・腰

塚浩貴・一佐）を東北方面隊に派遣し、福島県で災害派遣に従事させた。

その後、陸上幕僚監部の「兵站支援区分の変更命令」を受けて、茨城県土浦市・霞ヶ浦駐屯地の関東補給処（処長・平野治征・陸将）が福島・郡山両駐屯地に開設された前方支援地域から宮城県南部地域以南に活動する部隊（第十二旅団、第十師団、第十三旅団等）の兵站支援を行っていた。自らの警備地区の災害派遣をしながら、東北方面隊への兵站支援を実施していたのだ。

また茨城県では、県知事から勝田駐屯地司令（陸上自衛隊施設学校長・小川祥一・陸将補）に災害派遣要請があり、第一師団の部隊が増援派遣されていた。施設学校長は茨城県に対する災害派遣の担任でもある。

千葉県でも、県知事から習志野駐屯地司令（第一空挺団長）に災害派遣要請があり、陸上自衛隊高射学校（千葉市若葉区・下志津駐屯地。学校長・保松秀次郎・陸将補）、陸上自衛隊需品学校（千葉県・松戸駐屯地。学校長・熊本義宏・陸将補）とともに給水支援活動等を実施していた。しかし三月十六日、第一空挺団が原子力災害対処のため福島県へ派遣されたのにともない、千葉県担当部隊長が第一空挺団長から高射学校長に交代し、高射学校長が第一師団からの増援部隊を併せ指揮していた。

視察時には、すでに茨城・千葉両県に対する給水支援の必要性が減っていた。そのため二十九日をもって規模を縮小し、「給水支援は茨城県、千葉県ともに第一師団の部隊だけで行うことになった」との報告を受けた。

千葉・茨城両県では指揮がスムーズに転移できるか懸念されたが、関口東部方面総監の巧みな指揮により、住民のニーズに応えていることが確認できた。関係者に労いの言葉を述べ、兵站支援等に万全を期すよう要望し施設学校をあとにした。

午後七時三十分、市ヶ谷駐屯地に到着。到着後、直ちに折木統幕長に視察結果を報告した。

第二回視察　四月一日（金）

岩手に駆けつけた北海道の第二師団

防衛省を朝七時に出発、木更津駐屯地から連絡偵察機LR—2で岩手県の花巻空港に向かった。花巻空港でヘリに乗り換え、北海道・旭川駐屯地から来援した北部方面隊の第二師団（師団長・田中敏明・陸将）が活動している岩手沿岸北部地域に入った。

第二師団は発災翌日の三月十二日以降、続々と岩手山演習場（岩手県八幡平市、滝沢村）に到着していた。空からは航空自衛隊の輸送機に乗り、旭川空港から花巻空港経由で入り、海からは民間の船舶を使って小樽港から秋田港、苫小牧港からは青森港を経由して本州に入った。

第二師団の先遣隊《せんけんたい》である第二十六普通科連隊は十三日には久慈市に到着し、早々と人命救助活動を開始していた。

師団司令部は岩手山演習場に指揮所を開設、その後、全国からの部隊の進出展開にともない、東北方面隊の第九師団（司令部・青森駐屯地）の一部が行っていた岩手県沿岸部北部、宮古市以北の人命救助活動を引き継いだが、その布陣は北から以下の通りだった。

- 第二十六普通科連隊（連隊長・平野剛・一佐）が洋野町、久慈市、野田村および普代村
- 第二特科連隊（連隊長・山坂泰明・一佐）が岩泉町および田野畑村
- 第二戦車連隊（連隊長・小和瀬一・一佐）が宮古市田老地区
- 第二十五普通科連隊（連隊長・野村悟・一佐）が田老地区を除く宮古市
- 第三普通科連隊（連隊長・高橋武也・一佐→岡部勝昭・一佐）は、第九師団隷下の第九特科連隊（岩手県滝沢市・岩手駐屯地）が担任している山田町に増援

また真駒内から来援した第十一生活支援隊（札幌市・真駒内駐屯地・隊長・平木重臣・一佐）が、宮古市等の避難者の生活支援を実施していた。

第二師団の部隊運用の特色は、当初隷下部隊が担任していた各自治体との調整を、宮古市に設置した前方指揮所に一元化した点にある。各自治体で異なるさまざまなニーズを一元的に把握できたことで、師団内の部隊運用の調整もスムーズに行えた。またこの運用によって、市町村の行

政区分に縛られない柔軟な部隊運用を可能にし、隷下部隊の調整にかかる負担を軽減、その分を活動のための指揮、幕僚活動に充当させることができたそうである。

増援部隊の場合は地元の駐屯部隊と違って、派遣先自治体の首長等と顔なじみではない。初対面の場合がほとんどだから、調整に慣れるまでにどうしても時間がかかる。第二師団の「調整一元化の試み」は、他地域からの増援部隊が参考とすべき部隊運用の一つであろう。田中師団長から状況報告を受けたのち、宮古市田老《たろう》地区で捜索を実施している第二戦車連隊を視察した。

田老地区はリアス式海岸の湾の奥に位置し、「津波太郎（田老）」の異名があるほど何度も津波の被害を受けてきた地区である。江戸時代の「慶長三陸地震津波」から「明治三陸津波」「昭和三陸津波」……その都度、町は壊滅的な被害を受けてきた。

このため宮古市と合併前の旧田老町は、海抜十m、総延長二・五㎞に及ぶ世界最大規模の防潮堤を四十五年の歳月と五十億円に上る費用をかけて築いた。しかし今回の大津波は、そんな努力をあざ笑うかのように、さらにその上を超えて内陸部まで襲ったのである。

防潮堤は二重でX字状をした構造になっていた。市街地は内陸側の防潮堤の内側だけでなく、海側の防波堤の外側にも広がっていた。東方向に延びる防潮堤は破壊され、内側の市街地は壊滅的な被害を受けた。海側の防潮堤は一方を除いて、その他の防潮堤はそのまま残っていたが、堤の内側には家屋等のおびただしい残骸と瓦礫が積もっていた。一方、外側地域には瓦礫すら残っていなかった。引き波により全て海に流されたのであろう。

大自然の持つ力に対し人工物の力の限界を感じた瞬間だった。いかに凄まじい津波だったか、田老地区の破壊された「万里の長城」が物語っている。視察当日まで、第二師団が捜索した行方不明者は二百二十三人に達していた。

田老地区の復旧は宮古市長のリーダーシップの下、自治体が借り上げた重機械が投入され、自衛隊・消防・警察・民間との連携がスムーズに行われた。行方不明者捜索も山を越え瓦礫除去の段階に入っていた。

田中師団長に「この地区は今のまま推移すれば、一番早く瓦礫処理まで終了するかもしれない。宮城県の被害が甚大なので、終了後は宮城に投入されることもある。その際はご苦労だが頼むぞ」と指導した。師団長からは「分かりました。生活支援は残るものの、できるだけ早く行方不明者の捜索、瓦礫の処理は終了したいと思いますので、どこにでも投入してください」と頼もしい言葉が返ってきた。

第二師団は四月十日までは岩手県で、その後二個連隊を宮城県気仙沼地区に増援派遣し、四月三十日まで活動した。

陸前高田市、崩壊自治体を支えた第九師団

田老地区からヘリで第五普通科連隊（青森市・青森駐屯地。連隊長・西帯野《にしおびの》輝男・一佐）が担任している陸前高田市に移動した。「奇跡の一本松」がマスコミを賑わせたあの陸前高田だが、ここでは、行政機能を喪失してしまった自治体における災害派遣の教訓を得た。

広田湾に面するこの地域では、十三mを超える津波で松林がなぎ倒され、中心部の市役所庁舎も壊滅した。市職員の四分の一を失ったため行政機能が著しく低下、一時は死者・行方不明者の把握すらできなかったそうである。

発災直後、第五普通科連隊の属する第九師団（青森駐屯地）は、第九特科連隊（岩手県滝沢市・岩手駐屯地。連隊長・小林栄樹・一佐）を通じて、県知事からの災害派遣要請を受け、岩手駐屯地および八戸駐屯地所在部隊（第五高射特科群基幹）に、青森県から岩手県にわたる太平洋沿岸部に対する初動対処を命じた。そして、青森（第五普通科連隊基幹）、秋田（第二十一普通科連隊基幹）、弘前（第三十九普通科連隊基幹）の各駐屯地所在部隊に対して、岩手県沿岸南部への前進を命じている。

これらの行動は「九師災宮城・三陸」に基づき以前から計画されていた。何度もシミュレーショ

ンされ、実動訓練も行われており、その結果、迅速な行動ができたと思う。

第五普通科連隊基幹は、十二日未明には青森から陸前高田市に到着。到着直後は主要道路が瓦礫等で通行不能なため、徒歩で前進して地元警察や消防と協同し、不眠不休で人命救助等にあたった。同行の第九施設大隊（大隊長・畠山義仁・二佐）は道路啓開を実施、国道等の通行を可能にして避難者への生活支援を行った。

さらに、市役所、警察署、消防署が被災して自治体機能が喪失状況となっていたため、市の対策本部会議で連隊長自らが「情報共有会議への参加」を関係機関に呼びかけて会議を主導、各機関の任務分担、実施要領等を決定していった。

西帯野連隊長はたまたま防大柔道部の後輩で旧知の間柄だったが、派遣先の市長の片腕的な存在として、全面的に表には立たず、市民に信頼されながら見事に行政の重要部分を補佐していた。行政機能を喪失してしまった自治体への災害派遣時は、第一線の連隊長クラスの部隊長が現場を仕切らなければ、警察・消防・民間の力を結集させることはできない。市の職員をはじめ防災にかかわる現地の人達も、自らが被災者だからである。

連隊長の案内で避難所となっている広田小学校で物資の輸送、給水・給食活動を視察、次いで車両で小友浦に移動し、施設科部隊の瓦礫除去と併せた行方不明者捜索状況を確認した。任務を黙々と実施する素晴らしい隊員達だった。

このころ自衛隊は、陸前高田市全域で八十二ヵ所の避難所に対する生活支援を実施しつつ、瓦礫の撤去と併行した捜索活動を行う段階に入っていた。あまりに膨大な瓦礫の量に立ちすくむ思いがしたが「これからは重機の投入が必要」と判断、視察後直ちにグラップル付き重機などの手配を指示した。

「今後も引き続き全力をもって生活支援および瓦礫除去を含む復旧活動を致します」との西帯野連隊長の力強い言葉を聞き、「西帯野、頼むぞ。またいつか来るので健闘を祈る」と告げて広田水産高校からヘリで陸前高田をあとにし、宮城県気仙沼市の県立本吉響《もとよしひびき》高校に向かった。

気仙沼、南三陸では九州・第四師団が活躍

西部方面隊隷下の第四師団・木野村謙一陸将から状況報告を受けた。

司令部を福岡県春日の福岡駐屯地に置く第四師団は、三月十一日夜半に北九州から陸路北上し、東京・練馬の朝霞駐屯地を経由して宮城県の王城寺原演習場に向かい、到着後直ちに師団指揮所を開設していた。

十三日夜には先遣隊の第四十一普通科連隊の主力が宮城県黒川郡の大和駐屯地に到着、すでに活動中の第六師団第二十普通科連隊（山形県東根市・神町駐屯地。連隊長・富田晃生・一佐）か

ら被害状況等を収集し、以下のように部隊を配置して本格的な人命救助活動を開始していた。
●第四十一普通科連隊（別府駐屯地。連隊長・藤岡登志樹・一佐）は気仙沼市気仙沼地区
●第十六普通科連隊（大村駐屯地。連隊長・伊﨑義彦・一佐）は気仙沼市本吉地区
●第四十普通科連隊（小倉駐屯地。連隊長・中村裕亮・一佐）は南三陸町志津川地区
●第四特科連隊（久留米駐屯地。連隊長・片岡義博・一佐）は南三陸町戸倉地区

気仙沼市、南三陸町は甚大な被害を受けていた。屋上に避難した職員が津波に流された南三陸町役場は第一、第二庁舎が流失、三階建ての防災対策庁舎は骨組みを残すだけだった。町の職員四十三人が犠牲となり、庁舎機能、行政機能ともに破壊されていた。師団長の報告では捜索の進度はまだ四十％で、あと三〜四週間はかかるという。避難所および避難者は、気仙沼市で百ヵ所一万百九十三人、南三陸町で四十ヵ所八千百七十五人に上っていた。

避難者に対する生活支援には、
●第四後方支援連隊（福岡県春日市・福岡駐屯地。連隊長・石﨑敦士・一佐）
●西部方面生活支援隊（熊本県熊本市・北熊本駐屯地。第八後方支援連隊長・坂本正義・一佐）
があたっていた。

気仙沼市と南三陸町を合わせて給食二十ヵ所、給水三十ヵ所、入浴二ヵ所、救護所一ヵ所の民生支援施設を開設。視察前日の三月三十一日現在の実績は「給食二十二万四千八百食、給水

千二百六十トン、入浴九千二百人」との状況報告を受け、ヘリで海岸部を南下した。

防波堤は無残に破壊され、公立志津川病院等、鉄筋コンクリート造りの建物と瓦礫以外は何も残っていない町……亡くなられた方への哀悼と被災された方へのお見舞いを込めて、ヘリの中で静かに手を合わせた。

最後まで防災無線のマイクを握って、住民に「高台への避難」を呼びかけて津波の犠牲となった南三陸町役場危機管理課の遠藤未希さん。屋上に逃げた町職員達。誰一人として、津波が三階の屋上を超えて襲ってくるとは思わなかっただろう。津波の持つ破壊力に改めて驚愕した。

ヘリは気仙沼市立階上《はしかみ》小学校の校庭に着陸し、車両で第四十一普通科連隊が展開している岩崎地区を視察した。気仙沼市長が来られていて「自衛隊の皆さんには心から感謝申し上げます」とのお言葉をいただいた。私は、「この度の被災に対し心からお見舞い申し上げます。北九州の部隊が来援しています。自衛隊として気仙沼の復旧に精いっぱいご支援致しますのでよろしくご指導ください」と申し上げた。

現場は東北地方第一位（二〇〇七～八年）の水揚げ高を誇る気仙沼港に近く、水産加工場が立ち並んでいた。しかし、津波で破壊された建物の中から大量の魚類が放出され、その上にヘドロや瓦礫が積もり強烈な異臭が漂っていた。その中をコツコツと行方不明者を捜索し、瓦礫除去にあたっていた隊員達に頭が下がる思いだった。

木野村第四師団長に「本当にご苦労様。隊員達を交代で休ませながらしっかり支援してやってくれ。あとは頼んだ」と言い残し、石巻市の東部、富士沼に向かった。

石巻の沼で知った魚網と鳶口《とびぐち》の使いみち

富士沼地区の臨時ヘリポートに着陸。第十四旅団長・井上武陸将補の出迎えを受けた。

第十四旅団は中部方面隊隷下で香川県の善通寺駐屯地に司令部を置く。三月十四日に増援命令を受けた旅団の主力は、十八日に女川《おながわ》運動公園に到着、石巻市の東部（北上、河北、雄勝、石巻北部、女川地区）を担任し、行方不明者の捜索、避難者への生活支援活動を実施してきた。

女川運動公園は、担任地区に近いので毎日の出動には便利だが、被災者の避難地でもある。災害派遣の際、原則的には、自衛隊の展開地と被災者地域は別々のほうが望ましい。しかし、当初、若干の行き違いがあって、十四旅団の隣接地域に避難者用のテント村が開設された。被災者への医療支援や簡易入浴施設の設置等、細かい支援を行うことができ、結果的に避難者と自衛隊の一体感が醸成されたのだ。女川運動公園を舞台に、旅団一丸の捜索、生活支援、支援物資輸送、給食、給水活動、瓦礫除去活動が進められたのである。

リアス式海岸の東部地区で、津波は北上川を遡上し地域一帯を没水させた。冠・水没地域での

捜索は国土交通省による排水作業で進入が可能となった三月下旬から、ボートによる水上捜索が行われていた。石巻市東部では、

●即応予備自衛官を主体とする第四十七普通科連隊（広島県・海田市駐屯地。連隊長・谷川拓美・一佐）二百九十五名、

●第一高射特科群（北海道・東千歳駐屯地。群長・中野重友・一佐→大谷貴央・一佐）と

●第一戦車群（北海道・北恵庭駐屯地。群長・成清浩一・一佐）

からなる「北方多目的支援隊」六百五十名の増援を受け、総勢二千四百五十名の体制で災害対応にあたっていた。

視察現場は十四旅団隷下の第五十普通科連隊（高知県香南市・高知駐屯地。連隊長・石田和成・一佐）が担任する富士沼地区、あの大川小学校の近くだった。

四方一面冠水・水没した現場で、雨着の下に胸からズボン靴が一体となったゴム製の胴長を履いた隊員達が、胸まで水に浸かり鳶口で樹木や材木をかき分け、行方不明者が沈んでいないかどうか丁寧に捜索していた。発災直後、捜索のために通常の装備品以外に「必要な装備品はゴム製胴長、鳶口、雨着、漁網」との報告を受け、直ちに補給するよう指示したが、この現場でその必要性を再認識した。

視察中、富士沼でご遺体が発見された。隊員達は胸まで浸かりながら水中で魚網を広げてご遺

体を乗せ、四人の隊員が網の四隅を持って水面をゆっくり移動する。陸地にたどり着くと、待機していた別グループがご遺体を毛布で包み、担架に載せて四人がかりで車両に移動し、警察の検視所まで運ぶ。ご遺体を水中で直接つかむと肉が剥がれ、ご遺体が損傷する恐れがあるので魚網が必要だったのだ。私は現場に居合わせた全隊員とともに手を合わせて搬送車両を見送った。

先の緊急装備品のうち、雨具や釣り人が使うゴム製の胴長は調達しやすかったが、鳶口は市販数が限られていたため入手が困難だった。そこで、陸上自衛隊補給統制本部（略称・補統。東京都北区・十条駐屯地。本部長・安部隆志・陸将）は、各補給処に作成指示を出し、八千本の鳶口を手作りして前線に送った。

携帯テントのポールに使うような差しこみ式のゾンデ棒を付けた鳶口は、本部長の名前を付けて「安部式鳶口」と呼ばれたが、災害派遣中、自衛隊ではこうした工夫がさまざまな場面で展開された。例えば、水没地で釘を踏んで胴長のゴム底が破れたとの報告を受けると、直ちに鉄板入りの中敷きや修理用具を調達して現地に送る。当たり前のことだが、各補給処は現場の要請に懸命に応えた。

次いで、児童百八人中七十四人、教職員十三人中十人が死亡した大川小学校に向かった。正門には多くの花束が置かれていた。行方不明児童のご両親や親族が毎日のように訪れるという。

大川小学校の一階部分は全てヘドロで埋まっていた。それを取り除きながら懸命の捜索活動が行われていたが、ヘドロまみれのランドセルや帽子を見るのはいたたまれなかった。井上旅団長から「何としてでも行方不明の生徒さん全員の発見に努めます。そのため何回でも捜索をやります」との言葉を聞き、「しっかり頼む。それが、われわれができる被災者の皆さんへのお見舞いだ」と言い、次の視察地に向かった。

石巻市東部地区の被害は予想以上に甚大だった。二千名規模の旅団では戦力不足であることが明らかだった。同行の武内誠一東北方面幕僚長（陸将補）に増強を検討するよう指示。これを受けてＪＴＦ東北司令部は、さらに第一特科団（一千名）を増強し、最大時三千百五十名が同市東部地区に投入された。

大きな間違いだった「師団の旅団化」

ヘリは石巻市の長浜海浜公園に着陸。第五旅団長・田口義則陸将補の出迎えを受けた。

北海道の道東の防衛・警備を担任する北部方面隊の第五旅団（司令部・帯広駐屯地）は発災直後、道東地区への津波の襲来に備えた。そして道東地区の被害が少ないことを確認後、北部方面隊の派遣命令に基づき、三月十五日から十九日にかけて米海軍の揚陸艦トーテュガや民間船舶に乗って青森県八戸駐屯地や秋田駐屯地に集結した。そこで発災以来活動している東北方面隊の第六師団から石巻市の旧北上川河口東側（渡波《わたのは》・湊《みなと》地区）および牡鹿《おしか》地区の担任を申し受け、二十二日から活動を開始していた。第五旅団は、

●第四普通科連隊（帯広駐屯地。連隊長・萩友幸・一佐）を牡鹿地区

●第六普通科連隊（美幌駐屯地。連隊長・照井康弘・一佐）を渡波・湊地区

●第五戦車大隊（鹿追駐屯地。大隊長・原口義寛・二佐）を牡鹿半島北西部地区の行方不明者捜索担任とし、避難者、被災者への生活支援は第五特科隊（帯広駐屯地。隊長・松尾幸成・一佐）に行わせていた。

視察地は第六普通科連隊が担任する旧北上川東側地区である。石巻湾に面し主要道路や鉄道が走り、石巻漁港に関連した多くの水産加工施設や住宅地が広がる地域だった。しかし市街地は全壊、半壊の家屋が混在し、被災しながら住んでいる家もあった。また道路には津波に押し流された家や瓦礫がそのままの状態で残り、第五施設隊（隊長・黒木勇人・二佐）が機械力をフル稼働させて道路啓開をし、普通科部隊が行方不明者を捜索していた。

師団に比べて規模が小さい旅団に、マンパワーを必要とする過重な負担をかけている。田口旅団長には「少ない勢力で負担をかけていることは承知しているが、全力で支援してやってほしい」と激励するほかなかった。

旅団長からは「われわれは北海道から来ていますが、地域住民の方のためにできることは何で

もやります」との力強い言葉が返ってきた。同じ作戦基本部隊とはいえ、旅団は師団に比べて全てが小ぶりにできていて、その力は大きく違う。〇七防衛大綱での「師団の旅団化」は、するべきではなかったと痛感した。

「Jヴィレッジ」で待機する陸海空の混成部隊

この日最後の視察地は、福島県双葉郡のＪヴィレッジだった。第二章で詳述したように、三月二十日の総理大臣指示により「自衛隊が警察・消防を一元的に管理して災害対処にあたる」メカニズムが確立していた。Ｊヴィレッジ内のＪＴＦ東北の調整所で、田浦正人・中央即応集団副司令官（陸将補）から福島第一原発の現状報告を受けた。

ポイントは汚染水の状況、復旧プロビジョニング、原子炉と燃料プールの状況、淡水供給要領、今後の自衛隊の支援内容だった。その内容から、①自衛隊に対する直接的な支援内容は減少しつつあるが、②不測の事態に対して準備を整え、即応できる体制を維持しながら、原発安定化に向けた取り組みに協力する段階に来ている、と理解した。

次いで原発への「放水冷却隊」（八十名）を訪れた。放水冷却隊は陸・海・空三自衛隊の航空基地に装備されている救難消防車や大型消防車十五両を集結させ、冷却水注入のために編成された臨時の混成部隊である。

- 陸上自衛隊からは、中央特殊武器防護隊（二十名）、航空学校宇都宮校（二名）、宇都宮駐屯地業務隊（二名）、航空学校霞ヶ浦校（二名）、東部方面管制気象隊（二名）、第一ヘリコプター団（二名）
- 海上自衛隊からは、厚木航空基地隊（四名）、下総航空基地隊（四名）
- 航空自衛隊からは、北部航空方面隊三沢基地業務群（十三名）、第六航空団小松基地業務群（六名）、第七航空団百里基地業務群（七名）、中部航空警戒管制団（六名）、航空支援集団（六名）で編成されていた。

隊員が整列して迎えてくれた。

「危険な任務と承知していながら、本当によくやってくれた。これからも編成が解かれるまで緊張感をもって待機しておいてもらいたい」と一人ひとりと握手をして、労いと激励の言葉をかけた。

放水冷却隊に選ばれた陸・海・空自衛隊員は三月十七日、中央即応集団隷下の中央特殊武器防護隊（隊長・岩熊真司・一佐）の指揮下に入った。

各駐屯地・基地から福島県いわき市の常磐高速道・四倉パーキングエリアに集まり、十七日午後一時二十分、Jヴィレッジに到着した。午後四時過ぎには大型消防車五両（陸自四両、空自一両）、化学防護車二両、小型車一両の計八両が東京電力社員の先導を受けて福島第一原発に向け出発、警視庁機動隊の高圧放水車による放水ののち、午後七時三十五分からサーチライトに照らされた三号機の燃料プールに三十五トンの淡水を放水した。

三号機周辺は放射線量が高いため、建屋手前百ｍの比較的低いところに大型消防車を待機させ、化学防護車二台が両脇に盾となる放水位置に一台ずつ順番に近づいて、第二章で説明したように淡水合計三百三十七・五トンを放水した。これにより燃料プールの水が満たされ燃料棒の露出を防ぎ、放射能の拡散を防止することができた。その結果、東電も電源の復旧工事に取りかかることができた。

三月二十二日に「大キリン」と呼ばれるコンクリートポンプ車が投入されたため、視察時には放水冷却隊の出番はなくなっていったが、最悪の場合に備え五月三日まで現地に待機させた。文字通り陸・海・空の寄せ集め部隊だったが、それぞれが使命感と覚悟を持ち、与えられた任務を着実に遂行した。

彼らはヘリコプターからの注水を実施したクルーとともに、福島第一原発、いや日本の危機を救った無名の英雄達だ。全国民が永く記憶に留めておいていただきたいものである。

「戦車で突入し装甲車で職員を救出する」腹案

Jヴィレッジに待機している「機動路啓開隊」も訪れた。大キリン投入を前に原発敷地内道路の啓開が必要となり、東電から自衛隊に瓦礫撤去の依頼があった。敷地内には放射線量の高い地域があり、爆発で吹き飛んだ瓦礫は放射能で汚染されている。どうやって隊員を被曝から守るかが問題だった。検討の結果、「放射線遮蔽効果が最も高いのは戦車」と判断した。大きな瓦礫を除去するために、排土板を取り付けた戦車の投入を指示していた。

それに基づき、三月二十日に第一師団（東部方面隊）の機甲科部隊・第一戦車大隊（静岡県御殿場市・駒門駐屯地）の第一中隊長を長とする戦車部隊（第一後方支援隊の直接支援隊を含む）が派遣された。74式戦車二両と78式戦車回収車一両を含む約四十名の機動路啓開隊だ。

いざ作業を行おうとしたところ、「戦車の履帯《りたい》（キャタピラのこと）が地中に埋設した送電線を切断する恐れがある」との理由で作業は中止された。結局、東電雇用の建設会社が瓦礫を撤去したが、そのあとも最悪事態発生に備えて五月三日まで待機させた。

今だから言えるが、実は、最悪の事態が起きた場合に備えてさまざまな作戦を準備していた。第二章で紹介した「鶴市作戦」もそうだが、私は原子炉が爆発、放射性物質が大量拡散するような事態が起きたら、迷わず「戦車で突入」し、「原発内の東電社員や職員を救出する」決死の作戦を展開する考えだった。この腹案に沿った準備を陸幕運用支援部に指示し、宮島中央即応集団司令官には腹案の詳細を電話で伝えていた。

隊員達には「緊張感をもって待機任務についていてくれ。最悪の事態が来ないことを祈っているが、いつでも即動できるようにしておいてくれ」と労い激励した。

視察はできなかったが、戦車部隊と同様に最悪事態に備えて待機している部隊があった。CRF隷下の中央即応連隊（宇都宮駐屯地。連隊長・山口和則・一佐）である。同連隊は当初、海外派遣に必要な人員を残して第十二旅団に配属され福島県で活動していたが、三月二十一日から改造96式装輪装甲車（WAPCⅡ型）八両をもって「いわき自然の家」で待機していたのである。

最悪の事態が起き、第一原発内従業員の救出・輸送の依頼があった場合に、WAPCに一両十人の救助者を跨乗《こじょう》させて、Jヴィレッジまで運び救出する計画も立てていた。装甲車上部に救助者を乗せるため車両前方に跨乗用ステップを取り付け、安全のために手すりを付ける改造もしていた。装甲車内部には放射線の遮蔽材（タングステンシート）を貼り付け、夜間でも間違いなく移動できるよう、何度も訓練、予行演習を繰り返していた。

これらの「戦車・装甲車での救出計画」は陸上自衛隊独自の腹案として準備していたものだから、外部には一切知らせていなかった。「幻の作戦」に終わったことは幸いだった。

第三回視察　四月三日（日）

福島で二正面対峙する第十二旅団の苦悩

二日後の朝九時、防衛省をヘリで出発して福島・郡山駐屯地に向かった。
郡山駐屯地には第十二旅団（東部方面隊隷下。群馬県・相馬原駐屯地）の指揮所および東部方面隊の前方支援地域（ＦＳＡ）が開設されていた。第十二旅団長・堀口英利・陸将補の出迎えを受け状況報告を受ける。

第十二旅団は発災直後、第六師団（山形県東根市・神町駐屯地）に配属され郡山に向かったが、到着後、配属を解かれ福島県担任部隊を命じられていた。第六師団のうち、福島県を担当する第四十四普通科連隊、第六特科連隊）と調整し、人命救助、給食、給水支援を開始したが、併せて原子力災害への対応として避難住民の輸送支援、原発への給水活動および除染所の開設も実施した。第十二旅団隷下の部隊配置は、

- 第二普通科連隊（新潟県上越市・高田駐屯地。連隊長・大橋秋則・一佐）をいわき市
- 第十三普通科連隊（長野県・松本駐屯地。連隊長・横山義明・一佐）を郡山市等福島西南地区

●第三十普通科連隊（新潟県・新発田駐屯地。連隊長・大窪俊英・一佐）を福島北地区

●第五施設団（福岡県・小郡駐屯地。団長・赤松雅文・陸将補）と第五施設群（上越市・高田駐屯地。群長・腰塚浩貴・一佐）を新地町、相馬市、南相馬市に配置、合計二千六百名体制で人命救助、施設支援等にあたった。

十六日には避難者支援のため、中央即応集団から第一空挺団（千葉県・習志野駐屯地。団長・山之上哲郎・陸将補）千百名と、中央即応連隊（栃木県・宇都宮駐屯地。連隊長・山口和則・一佐）百五十名が増強され、さらに二十一日からは、第十三旅団（広島県・海田市駐屯地。旅団長・海沼敏明・陸将補）千二百名が増強され、新地、相馬市福島西南地区を担任、行方不明者の捜索活動を行っていた。

原発事故に対応した活動では、入院患者等退避支援者二千三百九十七人のうち千七百八十二人を車両で、六百十五人を航空機で搬送し、二百六十二体のご遺体を収容したとの報告だった。屋内退避の二十～三十㎞圏の南相馬市等には約一万人が残留していたが、自力での移動困難者が三百六十二人、さらに三十㎞圏内からの退避支援者数は合計五百一人に上ったとの報告があった。

さらに第十二旅団は、各避難所への民間救援物資等の輸送支援、タンクローリーでの南相馬市への燃料補給（百二十六キロリットル）を実施していた。地震・津波災害外に原発事故が重なり、放射能を浴びながらの活動である。隊員の健康管理、安全に特別の配慮が必要な派遣活動が続い

ていた。

堀口旅団長は三月十四日夜から深夜にかけて、原発メルトダウンの危険が迫ったとの情報が飛び交う中で、患者搬送・避難支援の任務を継続するか、隊員を一時的に避難させて状況確認後に再開するか、難しい判断を迫られた。旅団長はオフサイトセンターから「メルトダウン予定時刻二十二時二十二分」と連絡を受け、二十一時、独自の判断でMOPP4を発令、支援を一次中断し隊員に退避を命じる処置をとった。MOPP4とは、NBC（核、生物、化学）戦における『任務志向防護態勢』の五段階の最高危険レベルの防護態勢のことである。発令後三時間余りメルトダウンが起きていないことが確認できた〇時十五分にMOPP4を解除、輸送再開を命じた。

この判断、処置を巡って後々、マスメディアには「自衛隊が支援地域から消え、住民を残して逃げた」との批判的な記事が掲載された。情報が錯綜し漠然とした恐怖の中で、国民の命と隊員の命のどちらを優先するかのギリギリの判断に議論が行きがちなのは残念である。後で分かったことだが、「旅団が任務を放棄してわれ先に離脱した」のではなく、旅団は「これから最高レベルの放射能下の作戦態勢をとれ」と命じたのである。一時的に支援地域から自衛隊がいなくなったのは事実だが、任務を放棄したのではない。これは当時の現場指揮官にしか分からない苦渋の決断である。

旅団長はこのいきさつを申し訳なさそうに報告したが、顔にはくっきりと疲労の後が残っていた。心なしか元気がなかったことも気になったが、誰も彼を責めることはできないはずだ。もちろん私もそうである。

福島県担任部隊長として全責任を負い、地震・津波被害と原発事故の二正面の災害派遣を遂行してきたことに対し、心の中で「大変だったな。ご苦労でした」と労った。

君塚栄治JTF東北指揮官（東北方面総監）も同席していたので、第十二旅団の活動への労いと今後の期待を述べた上、「手つかず状態になっている三十㎞圏内の行方不明者の捜索をいつかやらねばならない。その時期については政府、統幕と調整していくのでよろしくお願いする」と指揮所を離れ、同じ郡山駐屯地に開設している郡山前方支援地域を視察した。

有事に対応できる「兵站」を再検討すべき

東部方面隊は三月十二日、関東補給処（茨城県・霞ヶ浦駐屯地。処長・平野治征・陸将）に「郡山FSA」の開設を命じた。関東補給処は直ちに隊本部、輸送中隊、補給小隊、燃料小隊、整備班および炊事班の百九十名からなる支援組織を構成した。

入院中の平野処長に代わり副処長の宮本忠明陸将補から、「陸上幕僚監部の措置命令に基づき三月十七日以降、宮城県南部以南の地域で活動する部隊に対する兵站支援を実施中」との報告があり、現場を視察し隊員を激励した。支援対象は第十師団、第十二旅団、第十三師団、中央即応集団である。

配属部隊の兵站支援は配属先部隊が担うのが原則である。マニュアル的にいえば、東北方面隊が兵站支援も全て引き受けるということだ。しかし、今回は五個師団、四個旅団、三個施設団が戦力を集中して活動している。私は部隊集中を決断した段階で、東北方面隊だけではとても対応できないと判断し、北部方面隊、東部方面隊に、東北方面隊の兵站を南北両方向から挟むように実施するよう指示していた。兵站は作戦の基盤。兵站なくして作戦、活動は成り立たない。

しかし、今回の災害出動で兵站が十分だったかといえば疑問がある。糧食・燃料・衣類の補給、車両の整備・回収・輸送、衛生支援等、全力で工夫をこらしてやってはいたが、第一線の隊員や部隊に対して十分な兵站が確保できたとは言いがたい。

また、災害派遣ではなく防衛出動など有事における派遣の際、兵站には「弾薬の補給・輸送」というさらに重要な要素が加わる。その意味で「今回の災害派遣で陸自の兵站に弱点があることが露呈した」と言わざるをえない。

「これ以上は無理」なほど手一杯だった兵站だが、はっきり言って、現状では有事に対応できない。兵站組織のあり方、人的配分、運用の面、全て再検討すべきだと痛感したが、宮本副処長には「引き続き継続的な兵站活動に期待する」と言いおき、郡山駐屯地をあとにした。

国と県の対策本部と指揮所は近いほうがいい

郡山駐屯地からヘリで福島駐屯地に移動、車両で福島県庁に向かい佐藤雄平県知事を表敬した。知事には「この度の地震・津波により亡くなられた方に対する哀悼の誠を尽くしますとともに、被害に遭われた方へのお見舞いを申し上げます。併せて自衛隊として全力を挙げて災害に取り組んでいきます」と申し上げた。

知事からは「福島県は地震、津波、原発事故、風評被害もあり、四重苦の状態ですが、全国の多くの方からご支援をいただいている。とりわけ自衛隊の皆様方からは献身的なご支援、ご協力をいただいています」との御礼の言葉があった。

福島県は被害があまりに複雑、あまりに甚大である。

「自衛隊として今後とも福島に対する支援は継続していきますので、よろしくご指導ください。原発事故での立ち入り制限で、行方不明者の捜索がまだ十分行われておりません。いずれ政府、防衛省と調整の上、陸上自衛隊として行方不明者の捜索を全力でやらせていただきます。しばらくお待ちください」と申し上げた。

私は、「知事は行方不明者の捜索が最大の関心事だろう」と思っていたが、知事はそれもあるだろうが原発事故による風評被害も気にしていた。かつて参議院議員を二期務めた知事だが、直接被害を受けた首長の気持ちはこういうものかもしれないと察した。

表敬後、県庁と道路を隔てた自治会館にある「福島県災害対策本部」を訪問した。県の対策本部は福島市、政府の「原子力災害対策現地連絡所」は双葉郡楢葉町のJヴィレッジ、自衛隊の指揮所は郡山市内の駐屯地とバラバラだ。県庁からJヴィレッジまでは磐越自動車道経由で百四十六km、一時間五十分、郡山駐屯地まで東北自動車道経由で五十km、五十分かかる。郡山駐屯地からJヴィレッジまでも、常磐自動車道と磐越自動車道経由で百十六km、一時間三十分もかかる。

この距離と位置関係は、総合的な調整や連携を図るために問題が大きいと感じた。後述する岩手県とは全く対照的だった。災害派遣における指揮所や連絡調整所は自治体行政の中心、首長が常駐する近くに設けて、政府・自治体・自衛隊が緊密な連携を図ったほうがスムーズにいく。原発事故の影響が大きいのか、福島県では国・自治体・自衛隊の連携が緊密に図られていないような印象を持った。陸上自衛隊もこれを教訓に、災害時の指揮所の設置位置、災害対策本部との距離について詳細に研究する必要があると思う。

三十㎞圏内に「第一空挺団投入」を決意

県庁から福島駐屯地に戻り、ヘリでいわき陸上競技場に移動した。

いわき市の警戒区域外地域には第十二旅団隷下の第二普通科連隊（上越市・高田駐屯地。連隊長・大橋秋則・一佐）が、第十三旅団隷下の第八普通科連隊（鳥取県・米子駐屯地。連隊長・豊留廣志・一佐）の増援を受け、三月二十一日から行方不明者の捜索、生活支援を実施していた。

大橋連隊長から「物資は充足しています」との報告を受けた。確かに、支援物資の集積地であるいわき市陸上競技場には、全国から集まった物資が通路まで積み重なり、あらゆる生活必需品がそろっているように見えた。それを隊員が市の職員と共同で各避難所の要望に応えるように配分していた。

給水所を管理し、市民に水を供給している現場も視察した。そこへ第八普通科連隊の豊留連隊長が報告に来た。いわき市内の行方不明者の捜索は終末段階であるとのこと。いわき市は、市・警察・消防との連携もスムーズに行われ、重機等も投入されて順調に行方不明者の捜索、瓦礫除去が進展しているとのことだった。

両連隊長に慰労の言葉をかけ、いわき市陸上競技場をあとにし，近くのいわき市荒川公園を訪れた。第一空挺団第三普通科大隊（隊長・荒木貴志・二佐）が率いる前方待機位置だ。原発の最悪事態に備えたいわき市内の移動困難者等の把握はほぼ終了していた。

多くの隊員が集まって整列して迎えてくれたが、第二大隊の隊員同様、「早く待機任務を解除して、もっと厳しい任務に使ってほしい」と無言で訴えているように感じた。

空挺団は、悪い言葉でいえば荒くれ集団。手がつけられないほどの命知らずの集団だ。待機任務でじっと我慢をさせていたが、彼らの目を見て「空挺を使う時が来た」と決心した。私は第一空挺団と第十二旅団で、三十㎞圏内の行方不明者の捜索を実施する腹を固めた。防衛省に戻り、小林運用支援情報部長に出動準備を指示、統幕と調整を開始した。

第四回視察　四月二十四日（日）

人事異動を終えて再訪した大川小学校

震災発生から一ヵ月余り経ち、原発も徐々に安定化してきた。東電が「原発対処工程表」を発表し、米国も自国民に対する自主避難勧告を解除、「化学・生物兵器事態対応部隊」（ＣＢＩＲＦ）が帰国するなど、災害派遣も次の局面に差しかかってきた。そこで災害派遣のため一ヵ月延期していた春の定期異動を行った。一佐以下の異動を四月十九日に終え、将官の定期異動を二十七日に控えたこの日、朝八時三十分にヘリで防衛省を出発、石巻に向かった。

第十四旅団が担任している石巻市の長面浦《ながつらうら》から富士沼地区は二回目の視察でも訪れたが、水中捜索、水際部の捜索は「終わりのない戦い」という印象を持った。とても気になる場所の一つだった。その後、国土交通省の排水ポンプによる排水の成果で人員の進入が可能となり、四月八日には第一特科団（北海道・北千歳駐屯地。団長・山本頼人・陸将補）の約一千名、四月十四日には第四施設群（神奈川県・座間駐屯地。群長・石丸威司・一佐）も加わり、懸命の捜索活動が続けられた。

大川小学校も再訪した。第四施設群が大川小学校および周辺の瓦礫を除去し、当初はヘドロで埋没した校舎の全景が確認できるまでになっていた。地中に埋もれた小学校を掘り出したかのような光景だった。校舎内部も丁寧に清掃し、ランドセルや運動靴、学校の備品などがきちんと整理されて並べられていた。その光景が何とも痛々しかった。

第十四旅団の井上旅団長、第五十普通科連隊の石田連隊長をはじめとする全隊員の執念と熱意溢れる行動に頭が下がった。しかし、まだ九人の児童が発見されていない。

「谷地中地区がまだ冠水しているため捜索が不十分です。引き続き捜索します」との井上旅団長の力強い言葉を聞き、この地域の視察を終えた。部隊は引き続き五月九日まで捜索を続けた。

在日米陸軍による「ソウルトレイン作戦」

東松島市のＪＲ東日本・仙北線野蒜《のびる》駅から鳴瀬川を挟んだ陸前小野駅周辺の瓦礫撤去は日米共同作業だった。「トモダチ作戦」（第四章で詳述）の一環で、在日の米陸軍の部隊が陸自第六師団、航空自衛隊と共同して行っていた。

トモダチ作戦での在日米陸軍は、米統合地上構成部隊（ＪＦＬＣＣ）の一つで、指揮官は当初沖縄の第三海兵師団長であった。日本に駐留する陸上部隊は海兵隊が圧倒的に多く、初期段階で多くの隊員を派遣したが、陸軍も組み込み統合地上構成部隊の指揮は海兵隊がとっていた。

在日米陸軍は第三海兵師団長の作戦統制を受け、三月二十一日以降、仙台空港に陸軍兵站基地を開設し、仙台空港や航空大学校分校の復旧活動を実施し、四月一日に終了していた。その後、四月六日に兵站基地を石巻運動公園に移し、石巻を中心とする陸軍の活動を支援する態勢を確立した。

四月二十一日からは、東松島市からのニーズの高かった公共交通機関のＪＲ仙石線の復旧作戦を実施することになった。その中でも壊滅的被害を受けた野蒜駅および陸前小野駅周辺の瓦礫撤去を自衛隊員と協同して実施していた。

視察した陸前小野駅の現場は、駅構内に瓦礫が山積し、座間キャンプの屈強な兵士たちが黙々と手作業で瓦礫を撤去し、曲がった看板などを元通りに復元していた。現場では顔見知りの第三部長のネイランド大佐以下約五十名の米陸軍の兵士が「ソウル（魂）トレイン作戦」を実施していた。また、仙台駐屯地の日米調整の任にあたっていた第五部長のアゲナ大佐も現地に来ており、彼らに感謝と慰労の言葉をかけ、激励の握手を交わした。

隣の石巻市では三月三十日から四月十八日まで「努めて四月二十一日に始業式ができるように」との被災した学校のニーズに応えるべく、第六師団および第五旅団の隊員とともに日米共同による「学校クリーンアップ作戦」を行い、十二校の清掃活動を実施した。そのほか、三月二十七日から四月二十九日にかけて、十二基六ヵ所のシャワー施設を開設して市民に提供し、一日平均八百人が利用した。さらに、計二十六回の音楽演奏活動や、演奏の際にキャンプ座間に所在する在日米陸軍の家族から手紙や手製の贈り物をリュックサック（百六十個作成）に入れて子ども達に直接手渡しをする「バックパック作戦」、あるいは石巻市の小中学校への米国文化の紹介や英語授業などを行う「サクラクラス活動」なども実施してくれた。

在日米陸軍は海・空軍、海兵隊と比較して勢力は少ないものの、この震災に対して自分達も日本のために何かやらねばと独自の行動をしてくれたのだ。

発災直後、在日米陸軍司令官のハリソン少将から「陸軍としてできることは何でもやるので要求してほしい」という電話があったが、ハリソン司令官の指導の下、終始、心温まる支援が続けられた。

これら一連の日米共同「トモダチ作戦」は、被災者の心の奥底に響いたことと思う。陸上自衛隊のカウンターパートである在日米陸軍が、陸上自衛隊とともに災害に立ち向かった現場での日米同盟の絆の強さを証する象徴的行動でもあった。

「撤退」に向けて、JTF東北を指導したが

石巻から仙台駐屯地に向かう道路には民間車両も走り始めていた。道路の両側の瓦礫も撤去されつつあり、応急復旧が進捗している手応えを感じた。

仙台駐屯地に到着。JTF東北の指揮官である君塚東北方面総監と二人だけで話をした。君塚総監から経過と現状についての報告を受け、これまでの対応に慰労の言葉を述べた。そのうえで今後の部隊運用に対する陸上幕僚監部の考え方を伝えた。

「JTF指揮官として、今日まで一度も官舎に帰宅することなく総監部に泊まり込み、文字通り不眠不休で人命救助、行方不明者の捜索、瓦礫処理等の応急復旧、被災者の生活支援にあたってきたことは並大抵の苦労ではなかったと思う。その甲斐あって、被災地は一時期の危機的状況を

脱することができ、自衛隊に対する国民の評価も高いものがあると認識している。行方不明者捜索も二回の大々的な集中捜索を実施し、集中捜索でのご遺体発見も少なくなってきた。岩手・宮城両県においては行方不明者の捜索、瓦礫除去に一定の目途がつきつつある。福島では行方不明者捜索が始まったばかりであるが、梅雨入りまでに完了するように指導している。今後は岩手、宮城は避難者の生活支援を主体に活動することになり、福島も三十㎞圏内の行方不明者の捜索活動が進捗したのち、被災者の生活支援を主体に行動することになろう。

したがって、（五月の）連休後には増援部隊を各方面隊に帰すなど態勢移行をし、陸上自衛隊を通常の体制に戻す。最後は東北方面隊だけで生活支援を継続してもらうので、連休明け後に態勢移行できるように残置部隊と離脱部隊の調整の対応を始めてもらいたい。なお態勢移行については大臣命令が必要であり、地元自治体の了解も必要だろう。統幕長へは私のほうから意見具申する。自治体への根回しを総監にお願いしたい。その際、自治体へは〝ニーズがある限り自衛隊として対応する〟と確約し、安心感を付与しておくように着意されたい」

後日談であるが、実際の態勢移行は「即動」とは程遠いものだった。防衛大臣による「態勢移行に関する統合任務部隊行動命令」（第一次）が出たのは五月九日だったが、岩手、宮城で一番撤収が遅れた第十四旅団は、五月二十六日までかかってしまった。災害派遣は緊急事態であり、来援部隊はどの組織よりも早く現地に入り、速やかに処置し、危機的状態が去ったあとは主力は直ちに撤収すべきである。ファースト・イン、ファースト・アウトであるべきである。「即動必遂」をテーマに掲げる私としては実に遺憾なことだった。さらに第二次命令が六月一日に出たが、福島県では六月八日に行方不明者捜索が終了しているにもかかわらず、第十二旅団の離脱は六月二十五日までかかってしまった。

戦場では進攻より撤退が難しいというのは三国志の時代から兵法の常識である。一九八八年（昭和六十三年）、旧ソ連軍十二万人がアフガニスタンから撤収するのに九ヵ月かかり、五百人以上の兵士が敵の追撃で死亡したことは有名な話だ。

災害派遣においても撤収が難しい。特に今回の災害は特異であり、自治体からの要請が強く働くことを考慮して、四月二十四日の時点で陸幕長として事前指導をしたのだが、結果は不本意だった。「この終末時のＪＴＦ東北の指揮と指導はやや適切さを欠いていたのではないか」と言わざるをえない。残置部隊と離脱部隊の引き継ぎは、もっと素早くスピード感をもってやらねばならない。あえて厳しいことを言うが、これは「戦《いくさ》」なのだ。

相馬市・第四十六普通科連隊は災害指揮の模範

ヘリで仙台駐屯地を離陸し、福島県相馬市で活動している第十三旅団第四十六普通科連隊（広島県安芸郡・海田市駐屯地。連隊長・大元宏朗・一佐）の活動状況を視察した。

一回目の視察の時（三月二十九日）、「軽普通科連隊だけの隊力では厳しい。活動が長期間に及ぶ」と判断していた地域だ。その後、第十七普通科連隊の一部と第十三偵察隊等、他部隊の増援や第五施設群の施設支援を受け、ここ一ヵ月の間でずいぶんと瓦礫が撤去されていた。

大元連隊長によれば、「行方不明者捜索にあたっては市災害対策本部の主導の下、日々の調整に基づき、自衛隊・市・警察・消防に捜索地域が割り振られた。住民の心情を考慮すると、冠水、瓦礫残置の状態で捜索を終了することはできない。そのため、排水と瓦礫除去を終えたうえで行方不明者の捜索をし、見つからなかった時に区長の確認・同意を得て捜索を終了する。

さらに市長に対しては、上空ヘリからの現場確認や被災地各地をまわる巡回説明を実施している」とのことであった。

この現場では、住民から再度の捜索要請が出ないように、自治体側が捜索終了を納得する処置を連隊長自らが実施していたのだ。災害派遣においては、こうした気配りと段取りが大事である。あらかじめ作業完了の姿をすり合わせておかないと、現場の隊員達が公共性と住民感情との間で苦しむことになる。

大元連隊長は捜索終了地域と今後の計画を書き込んだ地図をもって説明してくれた。計画的に捜索を終えつつあった見事な指揮だった。第四十六普通科連隊は旅団内の連隊で六百五十名規模であったが、他部隊からの増援を受けて困難な任務に立ち向かった。その姿に感動し「四十六普連は災害現場指揮の模範」とメモ帳に記した。

完全装備で原発三十㎞圏内の捜索

ヘリで南相馬市に移動し、福島第一原発の三十㎞圏内で行方不明者の捜索にあたっている一部隊を視察した。

圏内の捜索は四月十八日から再開されていた。第一空挺団の前方指揮所がある「ゆめはっと」で、放射能防護のためにタイベックスーツとマスクを装着して南相馬市原町地区に入った。

第十三普通科連隊（長野県・松本駐屯地。連隊長・横山義明・一佐）と、第一空挺団（千葉県・習志野駐屯地。団長・山之上哲郎・陸将補）を視察したが、捜索地域は北部と南部に大別されていた。北部の南相馬市鹿島地区と原町地区の一部は第十二旅団隷下の第十三普通科連隊と増強部隊が、南相馬市原町地区を中央即応集団の第一空挺団が担任していた。

南部地域の広野町、いわき市の一部は、中央即応連隊（宇都宮駐屯地。連隊長・山口和則・一佐）を増強した第二普通科連隊（上越市・高田駐屯地。連隊長・大橋秋則・一佐）が、南相馬市では、福島全般の施設支援を担任する第五施設団の第九施設群（福岡県・小郡駐屯地。群長・橋本功一・二佐）が支援をしていた。

三十km圏内の捜索再開には，放射能で汚染された瓦礫の除去や排水のため、多くの重機が必要だった。そこで相馬郡新地町で展開中の第五施設団の第二施設群（福岡県・飯塚駐屯地。群長・山下和敏・一佐）、東松島から転用された郷土部隊、第十一施設群（福島駐屯地。群長・小谷琢磨・一佐）が支援していた。

福島県が応急復旧工事を「県建設業協会」に要請したため、相当数の民間業者が投入されていた。しかし、現場は捜索を開始してまだ六日目。大量の瓦礫で覆い尽くされており、四方には立ちすくむような光景が広がっていた。

隊員達はタイベックスーツ、マスクの完全装備で懸命に作業を実施していた。気温は適温だったが、完全装備での捜索は肉体的負担を増す。暑さと息苦しさは体力を著しく奪う。隊員の健康管理が懸念された。これから暑い季節を迎えるので、放射能対策とともに体温調節対策が必要と判断、陸上幕僚監部に対策を検討させることにした。

第一空挺団、第十三普通科連隊、第五施設団は五月十日ごろまで作業を続けたが、第五施設団隷下の第九施設群は、その後に「ハイチ国際協力活動への派遣」が予定されていたため、四月二十八日までに小郡（福岡県）に帰隊し、ハイチへの派遣準備にとりかかった。

五月一日からは郷土部隊の第四十四普通科連隊（福島駐屯地。連隊長・森脇良尚・一佐）、第六特科連隊（郡山駐屯地。連隊長・児玉恭幸・一佐）を加えた体制で、小高町、浪江町、双葉町、大熊町、富岡町、楢葉町にわたる広範囲の捜索と瓦礫撤去が行われることになっていた。

第五回視察　五月十八日（水）

大津波の直撃受けた多賀城駐屯地

四月二十七日、三名の陸将の退官（第八師団長・寺﨑芳治、幹部学校長兼目黒駐屯地司令・長谷部洋一、陸上自衛隊研究本部長・師富敏幸）にともなう人事異動を終え、五月九日には、防衛省の災害対策会議で北澤防衛大臣から「発災二ヵ月を機に現在の十万人体制を縮小する」との方針が正式に発表された。

北澤大臣は、陸上自衛隊に「行方不明者の捜索や生活支援の状況をふまえるよう」指示したうえで「被災者が身近に自衛隊がいることで安心感を得ている実情を考慮し、自治体とよく調整してほしい」と求め、瓦礫撤去に関しては「公共性の高い道路などに重点を置き民業圧迫とならないように」と指示した。

また海上、航空自衛隊に対しては、「被災地の離島支援や物資空輸は継続する」としたうえで「防衛警備に関する警戒監視、情報収集の比重を高める」と表明した。こうした「縮小」の決定を受けて、五月十八日、木更津駐屯地から陸上自衛隊の連絡偵察機ＬＲ―２で航空自衛隊・松島基地に向かった。

松島基地からは車両で東松島市東名《とうな》地区に移動、第二十二普通科連隊（連隊長・國友昭・一佐）の活動状況を視察した。

宮城県の多賀城駐屯地所在の第二十二普通科連隊は、発災当時、仙台市の東北部に位置する利府町の利府基本射撃場で「小火器射撃競技会」を実施していた。発災後直ちに帰隊して出動準備を整え、初動対処部隊の先遣隊が駐屯地を出発しようとした三時五十九分、大津波が駐屯地を襲った。多賀城駐屯地は水没、災害派遣車両や乗用車約四百台が流され、行動不能となってしまった。

三月十一日に防衛省の陸幕でこの映像を見たときは絶句した。航空自衛隊の松島基地も、航空機二十八機をはじめ救難ヘリコプター四機等全てが流され水没する大きな被害を受けた。自衛隊にとって活動の基盤である基地や駐屯地が破壊されたら、全ての活動に重大な影響が出る。

しかし、即応予備自衛官を主体に編成された第三十八普通科連隊（多賀城、八戸駐屯地。連隊長・栗山秀光・一佐→武者孝志・一佐）をはじめ多賀城駐屯地の所在部隊は、津波の再来を警戒しつつ、行動可能な車両を探し、海水をかき分けて仙台市、東松島市、松島町、塩釜市、七ヶ浜町、多賀城市等に向けて出動、多くの人命を救った。同時に、東北出身の隊員の家族三百数十人が犠牲になったことも記しておく。

　その後、増強された第二十二普通科連隊は行方不明者捜索、生活支援、瓦礫除去を行ったが、捜索は、比較的被害が小さかった塩釜市が四月七日、多賀城市と七ヶ浜町が四月二十六日に終えることができた。そして五月八日以降、石巻市で活動中の第四十四普通科連隊と東松島市西部地域で活動中の第六特科連隊が福島県に復帰するにともない、担任地域の再整理が行われた。第二十二普通科連隊は第六戦車大隊、第三十八普通科連隊の一部等の増強を受け、仙台市以北から東松山市以南の地域を担任することになった。

　東名地区を訪れ國友連隊長から説明を受けたが、連隊長は私が富士学校の幹部初級課程の主任教官時の学生で、好漢実直な後輩だった。派遣出動以来一度も髭を剃っておらず、白髪が少し混じった長い顎髭が苦労のあとを物語っていた。「駐屯地が津波でやられながら、よくここまで頑張ってくれた」と、熱いものを感じながら視察した。

　現場の東名運河の中には多量の瓦礫、ヘドロが堆積し運河全体を覆っていた。そこで、運河を一部堰き止めて排水し、人力と重機械で瓦礫を除去して行方不明者を捜索する。それが終わると上流部に移動し、また同じ作業を繰り返す。根気と体力のいる活動だった。運河の捜索を開始して一週間が経過した段階だったが、全て終了するにはまだ時間がかかると思った。

「どこまでもやります。任せてください」と頼もしい答えが返ってきた。ここでも、「連隊長の責任において任務を遂行する」という防人魂を見ることができた。北上運河沿いも同じように捜索し、十数体のご遺体を発見したとのことである。

防大二十八期卒の宮城県知事を表敬訪問

車両で宮城県庁へ移動し、村井嘉浩知事を表敬訪問した。村井知事は防大二十八期卒、私の十年下の同窓生である。卒業後、陸上自衛隊に入隊しヘリコプターのパイロットとして東北方面航空隊に配属されたが、一九九二年（平成四年）に一等陸尉で退官された。自衛隊の活動については十分すぎるほど理解されている知事である。総監部と緊密に連携をとりながら懸命に災害対応にあたられていた。

発災から二ヵ月余りのこの時点で、宮城県の被害は死者八千八百三十七人、行方不明者約五千九百六十人、避難者約三万三千二百人。避難所は百九十九ヵ所で、仮設住宅は計画の十五％、約三千三百八十戸しか完成していなかった。しかし、県が借り上げた民間賃貸住宅が被災者に提供されて、被災者の一部が入居を開始していた。

自衛隊への生活支援要請は四月下旬から下げ止まったままだったが、そうした中で「態勢移行実施に関する統幕長指示」が出され、宮城県に展開していた第四師団、第十師団、第五旅団、第十四旅団が、生活支援部隊を残して原所属地への復帰を始めつつあった。

私は村井知事に被災県民への哀悼の意を表したうえで、敬意とご慰労を申し上げた。そして、自衛隊が県民に信頼されるような環境づくりをしていただいたことに感謝の意を表した。知事からは、自衛隊に対する感謝の意と今後の活動への希望、特に生活支援の要請があった。

「態勢移行はしますが、生活支援等は地元部隊が最後まで実施していきますのでご安心ください」と答え、最後に僭越《せんえつ》ながら、防大の先輩として「健康に留意して頑張ってください」と申し上げ県庁をあとにした。

第九師団は岩手県庁内に指揮所を開設

霞目駐屯地からOH—6ヘリで盛岡警察署の屋上ヘリポートに着陸、隣の岩手県庁に達増拓也県知事を表敬した。
第九師団（青森駐屯地。師団長・林一也・陸将）は発災後直ちに「九師災宮城・三陸」のマニュアルに基づき、連絡幹部を県庁に派遣し、各部隊に出動を命じた。県庁との連絡態勢強化のため川崎朗・副師団長（陸将補）を長とする「岩手県自衛隊連絡調整所」を県庁内に開設し、県庁との調整を開始した。

第九師団は前年の平成二十二年十一月に実施した「方面震災対処訓練」の改善事項として、岩手県の越野危機防災官（陸自ＯＢ）と「自衛隊の指揮所を県庁に置き、そこで指揮幕僚活動を行うことがよい」との認識を共有していた。その教訓が生かされたのである。

第九師団は、発災から第二師団が来援した三月十三日まで、岩手県全域に部隊を出動させていた。十三日以降は、

- 第九特科連隊（岩手駐屯地。連隊長・小林栄樹・一佐）を県南部海岸地域の山田町
- 第五高射特科群（八戸駐屯地。群長・新宅正章・一佐）を大槻町
- 第二十一普通科連隊（秋田駐屯地。連隊長・蛭川利幸・一佐→末吉洋明・一佐）を釜石市
- 第三十九普通科連隊（弘前駐屯地。連隊長・佐々木俊哉・一佐）を大船渡市
- 第五普通科連隊（青森駐屯地。連隊長・西帯野輝男・一佐）を陸前高田市

に配置し、人命救助、行方不明者の捜索、瓦礫の除去、被災者の生活支援を行ってきた。

視察時点で、岩手県内の被害は死者四千四百四人、行方不明者約三千二百六十人。避難所は約三百ヵ所、仮設住宅は計画の十八・五％の二千五百六十戸が完成していた。林師団長からは、「三月以降、被災者生活支援所要は減少傾向だが、四月下旬から下げ止まっている」との報告だった。

指揮所を県庁内に置いたことで、常時県知事ら自治体の責任者と直接コミュニケーションがとれて連携が図れた。災害出動時、県との調整を緊密にするために模範とすべきことだった。

達増県知事も、師団指揮所を県庁に開設したことに感謝していた。知事からは「毎朝夕、師団長と顔を突き合わせて状況を確認し、今後の対策を練っています」との言葉をいただき、現地部隊が地元自治体から高い評価と厚い信頼を得ていることを確認した。

遠野運動公園は岩手県の支援拠点

盛岡警察署屋上へリポートから遠野運動公園に移動した。

遠野運動公園には第九師団隷下の第九後方支援連隊（青森駐屯地。連隊長・六車昌晃・一佐）が開設する師団段列と、中部方面隊の第四施設団（京都府・宇治駐屯地。団長・岩谷要・陸将補）の宿営地があり、さらに第七師団生活支援隊（隊長・澤村信・一佐）の一部が展開していた。

内陸部に位置する遠野市は津波の被害が大きかった釜石、大船渡、陸前高田などへのアクセスがよく、前線部隊を支援するための段列地域や施設団等の展開地域として最適の場所だった。第四施設団の岩谷団長から状況報告を受け、現況を確認した。

中部方面総監部から派遣命令を受けた第四施設団は三月十二日、大久保（京都府宇治市）、豊川（愛知県）、出雲（島根県）、三軒屋（岡山市）各駐屯地の隷下部隊に出発を命じ、宮城県の大和駐屯地（黒川郡、第六戦車大隊・第六偵察隊）に向けて前進を開始した。同日夜、大和駐屯地に到着。配属先の東北方面隊から青森・岩手両県の応急救援活動を命じられ、十三日に遠野運動公園に指揮所を開設、十四日早朝から岩手県宮古市以南の施設支援活動を実施してきた。隷下の第六施設群（愛知県・豊川駐屯地。群長・小田英明・一佐）は、第五普通科連隊（陸前高田市担当部隊）および第三十九普通科連隊（大船渡市担任部隊）に、第七施設群（京都府・大久保駐屯地。群長・米津浩幸・一佐）は第二十一普通科連隊（釜石市担任部隊）および第五高射特科群（大槻町担任部隊）に対する直接支援を実施。人命救助と連携した瓦礫除去を実施した。

その他第三〇四施設隊、第三〇五施設隊、第三〇七ダンプ車両中隊、第一〇二施設器材隊等も同様に瓦礫の除去および瓦礫の運搬支援を実施した。いずれも中部方面隊から派遣された技術集団であり、岩手県全域の瓦礫の除去・運搬、道路補修などの支援に任じて応急復旧活動に全力で取り組んでいた。

作業は終末段階であると確認、陸前高田市の滝の里へリポートに向かった。

再び訪れた陸前高田の第五普通科連隊

陸前高田市は二回目の視察（四月一日）でも訪れたが、その後の状況が気になり再び訪れた。林一也・第九師団長、岩谷要・第四施設団長、竹内誠一・東北方面総監部幕僚長等の立ち会いのもと、西帯野輝男・第五普通科連隊長の出迎えを受けた。連隊指揮所は市の災害対策本部がある「学校給食センター」に設けられていた。

視察前日までの被害状況は、死者千九十二人（陸前高田で収容されたご遺体は千四百九十二体）、行方不明者六百九十九人、確認調査中三百三十九人だった。被災家屋は三千三百六十八戸。避難所数は最大時の九十が八十ヵ所に、最大時一万六千六百五十二人だった避難者数は一万四百三十四人に減少していたが、依然として生活支援のニーズは高く、山のように積み上げられた大量の瓦礫の片付けと処分に力を入れていた。

竹駒地区の瓦礫撤去の状況を視察した。自衛隊と民間がそれぞれの重機で瓦礫をダンプカーに積み込み、仮置き場まで運ぶ共同作業が続いていた。

その後、津波の浸水を受けた市役所周辺へ移動。市役所、県立高田高校等の公共施設周辺はきれいに撤去されており、「瓦礫撤去は終末段階」にきていることが分かった。前回視察時には「終わりのない戦」と覚悟したが、見違えるように片付いている。部隊、隊員の力の偉大さに敬意を表した。

第六回視察　五月二十日（金）

原発三十㎞圏内、心を込めた捜索と清掃

三回目の視察（四月三日）時に佐藤雄平福島県知事に約束した、第一原発三十㎞圏内の行方不明者の捜索現場を視察した。

政府は当時、二十㎞圏内を避難区域に、二十〜三十㎞圏内を屋内退避地域としており、防衛省、統幕も三十㎞圏内の捜索に慎重だった。しかし、警察は三月二十五日から捜索を開始していた。これからの季節は気温が上がるので、タイベックスーツをまといマスクやゴーグルを付けての作業は負荷が大きい。熱射病になる隊員が続出することも懸念され、できるだけ早く始めないと中途半端な捜索になる恐れがある。

三回目の視察後、直ちに防衛大臣、統幕長へ意見具申をし、宮島俊信・中央即応集団司令官に、①圏内の捜索の構想立案、②第一空挺団の捜索参加、③中央特殊武器防護隊による放射能測定を依頼していた。また四月二十七日付で交代予定の堀口英利・第十二旅団長にも「捜索・瓦礫除去計画を立てて君塚東北方面総監（ＪＦＴ東北指揮官）へ報告するように」と指導していた。

宮島司令官からは四月五日、三十㎞圏内海岸付近の放射能測定値の報告があった。数値は思っていたほど高くない。適切な装備で滞在時間の管理をすれば、捜索は可能と判断したが、当時、防衛省も統幕も慎重だった。

折木統幕長から君塚災統合任務部隊（ＪＦＴ東北）指揮官に対し「三十㎞圏内の海空域を含む地域における行方不明者の捜索活動の実施」の指示、宮島中央即応集団（ＣＲＦ）司令官に対し「災統合任務部隊の行方不明者の捜索活動等への所要の支援等を実施」するように指示が出たのは四月十八日のことだった。

すぐさま、福島県を担任する第十二旅団に第一空挺団、中央即応連隊、第五施設団等が増強された勢力が、二十〜三十㎞の屋内退避地域において行方不明者の捜索を開始した。部隊区分は以下の通り。

- 第十三普通科連隊が南相馬市鹿島区（五月二日終了）
- 第一空挺団が同市原町地区（五月十日終了）
- 第二普通科連隊がいわき市（四月二十七日終了）
- 第二普通科連隊と中央即応連隊が広野町（四月二十二日終了）

五月一日からは、避難区域である二十㎞圏内の捜索が始まっていた。第十二旅団、第一空挺団、中央即応連隊、第六師団の第六特科連隊、第四十四普通科連隊、第十三旅団の第十七普通科連隊、第五施設団が逐次投入された。

平素、福島県を警備隊区としている第四十四普通科連隊（福島駐屯地）と第六特科連隊（郡山駐屯地）は当初宮城県に派遣されたが、地元・福島に復帰していた。一回目の視察の際、「私らの部隊は福島のために何も貢献していない。それが心残りです」と悔やんだ第四十四普通科連隊・森脇連隊長の願いを叶えることができた。これは、君塚東北方面総監、久納第六師団長の配慮によるものだった。

こうした一連の経緯を想起している間に、ヘリは南相馬市のニュースポーツ広場に着陸した。四月十九日付で第十二旅団長に着任した塩崎敏譽・陸将補と、旧知の山之上第一空挺団長の出迎えを受け、簡単なブリーフィングを受ける。

タイベックスーツ、マスク、ゴーグルを装着して原町地区の第一空挺団の活動状況を視察した。屋内退避地域の捜索と瓦礫除去は終わっていたが、現場に来て驚いたのは「ここまでやるか」と感動するほど、徹底した捜索と復旧が行われていたことである。

道路、川の中の瓦礫の除去はもちろん、側溝や暗渠《あんきょ》（蓋《ふた》をされた地下の導水路）の中の瓦礫も取り除いていた。半壊した家屋は一軒一軒、室内から庭に至るまで全ての瓦礫を取り除き、最後は室内清掃まで実施していた。捜索当初は、避難所生活を強いられている半壊家屋所有者の方に敷地・家屋への立入許可をもらいに行くと断られたこともあったようだが、一度は断った方が他家の写真を見て「うちもやってほしい」と懇願されたという。自宅に戻れない被災者の方に「希望と勇気を与える」自衛隊の行動だった。

こうした第一空挺団の「心が通った復旧作業」を裏で支えたのが第五施設団である。同施設団の力によって、避難区域の二十km圏内も瓦礫はほとんど片付いていた。陸上自衛隊の総合力が凝縮されたといっても過言ではない。

ただ一つ、気になることがあった。警察が行方不明者を捜索した地域は瓦礫除去が不十分だったのだ。そこで山之上第一空挺団長に「空挺が実施したところは完璧で見事である。現在の担任地域を終了した後、警察が捜索したところに機械力を入れ、瓦礫を完全に撤去してもらいたい」と指導した。

住民の方が帰宅された時、瓦礫除去の程度にアンバランスがあっては困ると思ったからである。

古巣の「第二普通科連隊」を激励

塩崎旅団長の案内で、平素、群馬県・相馬原駐屯地に司令部を置く第十二旅団が総力を挙げて取り組んでいる南相馬市小高地区を視察した。

第十二旅団隷下の第十三普通科連隊（長野県・松本駐屯地。連隊長・横山義明・一佐）、第

三十普通科連隊（新潟県・新発田駐屯地。連隊長・谷俊彦・一佐）、第十二特科隊（栃木県・宇都宮駐屯地。隊長・田上秀二・一佐）の作業状況を一巡視察した。みな黙々と作業を続けているので、ハンドマイクで「ご苦労さん。最後までよろしく頼みます」と声をかけた。

第二普通科連隊（高田駐屯地。連隊長・大橋秋則・一佐）の部隊は整列して迎えてくれた。第二連隊は屋内退避地域の広野町、いわき市の捜索・瓦礫除去を、それぞれ四月二十二日、四月二十七日に終了したばかりだったが、五月十六日から第十二旅団の主力に合流して小高地区の捜索・瓦礫除去を実施していた。

私も若い頃、新潟県で第二普通科連隊に勤務した経験がある。懐かしい部隊である。「何をやらせても粘り強い」という部隊の伝統が受け継がれ、このような過酷な災害派遣でもしっかりと成果を上げていた。

大橋連隊長から「陸幕長、何か一言賜れれば……」と要望され、挨拶した。

「第二普連出身の火箱です。二普連で若きころ鍛えていただきました。四月三日いわき陸上競技場で会って以来、今日までよく任務を完遂してくれた。同じ二普連出身者として誇りに思います。最後まで任務を達成することを期待しています」

次いで第十二偵察隊（群馬県・相馬原駐屯地。隊長・工藤武司・二佐）を激励し、第十二旅団担任地域の視察を終えた。なお第十二旅団は六月四日まで捜索、瓦礫除去を続けたのちに撤収したが、元気に任務を遂行していてくれた大橋一佐が、のちに自ら命を絶つとは夢にも思わなかった。強い精神的ストレスによるＰＴＳＤ（心的外傷後ストレス障害）を発症したのではないかと思う。残念で慙愧《ざんき》に耐えない。

福島県全体の施設支援を担任している赤松第五施設団長（福岡県・小郡駐屯地）にも会い、労い激励した。当初は原発事故の影響で立ち入りが制限され、主力を新地町、相馬市、南相馬市などで運用していた。架橋、道路修復、瓦礫除去、運搬、国土交通省と協力しあっての浸水、陥没地域の排水、土嚢積み等、施設科部隊の本領を発揮して災害派遣活動を支えてくれた。すぐにハイチ派遣任務が控えているので「小郡に帰隊した暁には派遣準備の指導を頼みます」と激励した。

防護服の下に「紙おむつ」を着けていた隊員

久納雄二・第六師団長が待つ浪江町、五号機・六号機がある双葉町に移動した。

浪江町は、第六師団隷下の第四十四普通科連隊（福島駐屯地。連隊長・森脇良尚・一佐）と、第十三旅団隷下の第十七普通科連隊（山口駐屯地。森下喜久雄・一佐）が共同で、双葉町は第四十四普通科連隊が単独で、瓦礫を一つひとつ除去しては捜索を繰り返していた。除去した瓦礫は施設科部隊が重機でダンプカーに積み、瓦礫仮置き場に搬送していた。

当然ながら原発中心部になるほど放射線量の数値は高い。隊員達は絶対にタイベックスーツ、マスク、ゴーグルを離せない。しかし五月も下旬となると、密封したタイベックスーツの中は暑く、いったん装着すると汗まみれで簡単には脱げない。また、トイレに行く場合、必ずスクリーニング場所でスクリーニングしなければならない。用が済んだ後は、新しいタイベックスーツを装着して作業現場に戻る。

そこで隊員達の多くはトイレを我慢していた。中には、紙おむつを装着して作業にあたる隊員もいたという。体温上昇を抑えるための冷却ネッカチーフは支給していたが、紙おむつまでは気が回らなかった。災害派遣現場でも、用足しは極めて重要な事項である。今後、さらなる検討が必要だろう。

森脇連隊長は相当疲れていただろうが、福島に戻り、福島のために貢献する喜びを感じている様子だった。「森脇連隊長！　よかったな、福島に戻れて。あと少し、よろしく頼みますよ」と言い、一号機から四号機の所在地である大熊町に移動した。

大熊町は第六師団隷下の第六特科連隊（郡山駐屯地。連隊長・壁村正照・一佐→兒玉恭幸・一佐）が担任していたが、捜索と瓦礫除去は視察前日の五月十九日に始まったばかりだった。

第六特科連隊は三月十二日から四月下旬まで東松島市、松島町に派遣されていた。その後、福島県に戻り、第六高射特科大隊の配属を受けて五月三日から十九日まで福島県富岡町の捜索を実施していた。引き続いて大熊町の捜索も命じられていた。視察当日はまだ多くの瓦礫が残っていた。「おそらく大熊町か浪江町が最後の捜索地になるかもしれない」と思った。

兒玉一佐は四月十九日付で陸上幕僚監部運用情報部の運用班長から第六特科連隊長に着任したばかりだった。陸幕では災害派遣の際の主務班長として、積極的かつ献身的に私を補佐してくれた人物だ。その兒玉一佐が福島県の行方不明者捜索、瓦礫除去の最後を締めることになろうとは……。

私は何か運命的なものを感じ「最後までしっかりと福島のために頑張ってくれ」と激励、大熊町をあとにしてJヴィレッジに移動した。スクリーニングを受け、タイベックスーツを脱いでゴーグル等を所定のところに入れ、戦闘服姿に着替えてヘリで市ヶ谷に戻った。

これが陸幕長として最後の視察だったが、部隊、隊員は本当に国家・国民のために献身的に尽くしている。「こんな組織や隊員は、世界のどこを探してもいない」と誇りに思った。

未曾有の地震・津波、原子力事故対応、国家の危機的事態、「戦《いくさ》」をしてきた隊員をこれほど頼もしく、愛おしく感じたことはない。国民もいつか「わが国には素晴らしい軍隊がある」ことを理解するに違いない。

第一部　第四章

日米共同「トモダチ作戦」

「米国人の日本強制退去」を検討

今回の災害派遣で特筆すべきことの一つは、日米共同の「トモダチ作戦」である。一回限りの実行作戦だったが、CH47による上空からのヘリ放水は、東日本大震災への災害派遣における日米共同作戦の展開という点で、大きなターニングポイントとなる行動だった。

日本中の人々の目を釘付けにし、全世界にテレビ中継された放水作戦だが、前述のように、国内では「原発の冷却効果はほとんどない」という批判が強かった。批判は、建屋内に確実に水が入ったかどうかという技術上の問題ではなかった。はっきり言えば、「やる意味があるのか」「放水はアメリカ向けの象徴的な意味しかないのではないか」という批判だったのである。

菅総理が「全力を挙げて……」と強調したメッセージの対象は、国民向けというより、米国オバマ政権向けのパフォーマンスだったのである。

一号機、三号機と爆発が続いた十四日ごろ、官邸・対策本部周辺には「どうもアメリカが苛立っているようだ」「原発事故対応で自衛隊が動いていないとみている」という情報が飛び交っていた。

藤崎一郎駐米大使のもとには、ジョン・ルース駐日アメリカ大使やマイケル・マレン米統合参謀本部議長（統参議長＝制服組のトップで大統領や国防長官の主たる軍事顧問）から「日本政府はなぜ自衛隊を使わないのか」という不満の声が伝えられていたという。実際にはわれわれ自衛隊は、防衛大臣の「原子力災害派遣命令」によって十一日から動いていたが、米国政府、とりわけ米軍には「自衛隊の姿」がはっきりと目に映らなかったようだ。

かつて米ブッシュ政権の政策顧問の一人だったアーミテージ氏が、「9・11日同時多発テロ」のあと、日本を含む同盟国に対して「ショウ・ザ・フラッグ＝Show the Flag！＝旗を見せろ」と言い、二年後のイラク戦争時には「ブーツ・オン・ザ・グラウンド＝Boots on the Ground！＝軍靴を履いて戦場に立て」と発言したことは記憶に新しい。

原発警備を軍（州兵）が行っている米国からすると、「福島には自衛隊の旗も見えない」「原発事故の戦場にも立っていない」と思えたのだろう。われわれ自衛隊は「原子力災害派遣命令」によって動いていたが、米軍と違って、行動が制限されている自衛隊の行動は歯がゆく、彼らにとっては「何をしているのか！」ともどかしくて仕方がなかったのだろう。

だから菅首相は、陸上自衛隊のヘリ放水作戦を、米国の苛立ちを収めるための「象徴的行為」として利用したのではないかと言われている。朝日新聞が当時こう報じた。

《……放水は午前10時に終了。日米首脳電話会談のわずか22分前だった。北沢俊美防衛相は電話で首相に「うまくいきました」と報告した。菅政権はヘリ放水の冷却効果は「ほとんどない」

〈防衛省幹部〉とわかっていた。それでも踏み切ったのは「オバマ氏との電話会談までに〈日本は本気だ〉と示す必要があったからだ」と複数の政府関係者が認めている。放水の数日前、「米政府首脳」のこんな発言が秘密裏に首相官邸に報告された。

「日本政府がこのまま原発事故の対応策をとらずにいるなら、米国人を強制退去させる可能性がある」（中略）ホワイトハウスは危機感を募らせていた。大統領は毎朝、執務室（オーバルルーム）でブリーフィングを受けるのが日課。米国経済や中東情勢などテーマは様々だが、「フクシマ」が加わった。事故後の数日間は毎日約1時間、福島第一原発の事故の説明を受けていたという。首相官邸や外務省は「強制退去」発言を「オバマ氏の言葉」（外務省幹部）と受け止め、動揺した》（二〇一一年五月十五日付）

米国政府が苛立っていた根底には、彼我の情報収集力の差があった。米国は独自に原発事故の内容について相当程度の情報を把握していたが、当事国である日本政府からの情報がほとんど来ない。日本側は情報を隠蔽《いんぺい》していたわけではなく、同盟国向けに出せるレベルの正確な情報を持っていなかった。官邸災害対策本部も東電も、正確な状況を把握できていなかったのが真相だ。われわれ自衛隊もそれに振り回されたが、米国相手にはそうした説明はとても通じなかっただろう。

一号機が水素爆発した十二日の段階で、米国やフランスが日本政府にホウ酸を散布するよう進言し、ホウ酸の提供も持ちかけたが菅政権は断ったとも聞く。

このように、ヘリによる放水は、政府にとっては「象徴的な意味」「シンボル的作戦」だった。しかし、われわれ自衛隊にとってはそうではない。米軍と日米共同作戦を遂行する上での「信頼の絆」を結ぶ第一歩となったのだ。あの作戦をきっかけに、米軍は本気になって「トモダチ作戦」という名の災害支援を展開し始めたからである。

「自衛隊による英雄的犠牲が必要」

トモダチ作戦を通じて、私は「自分達が本気で自分の国を守ろうと戦っている姿を見せなければ、同盟国といえども本気で戦ってはくれない」ということが身に染みて分かった。これは災害派遣だけではない。有事の際、日米共同作戦を遂行する上で、貴重で重要な教訓を得たのである。

当時、米国の苛立ちは、われわれ自衛隊にもビシビシと伝わっていた。前述したように藤崎駐米大使に対し、米国はあらゆるチャンネルを通して「自衛隊を使うべきだ」「英雄的な犠牲が必要だ」と繰り返し伝えていたという。われわれにも「英雄的な犠牲が必要だ」との米国首脳の声が届いていた。

マレン統合参謀長が、日本側のカウンターパートである折木良一統幕長との電話会談の際、「自

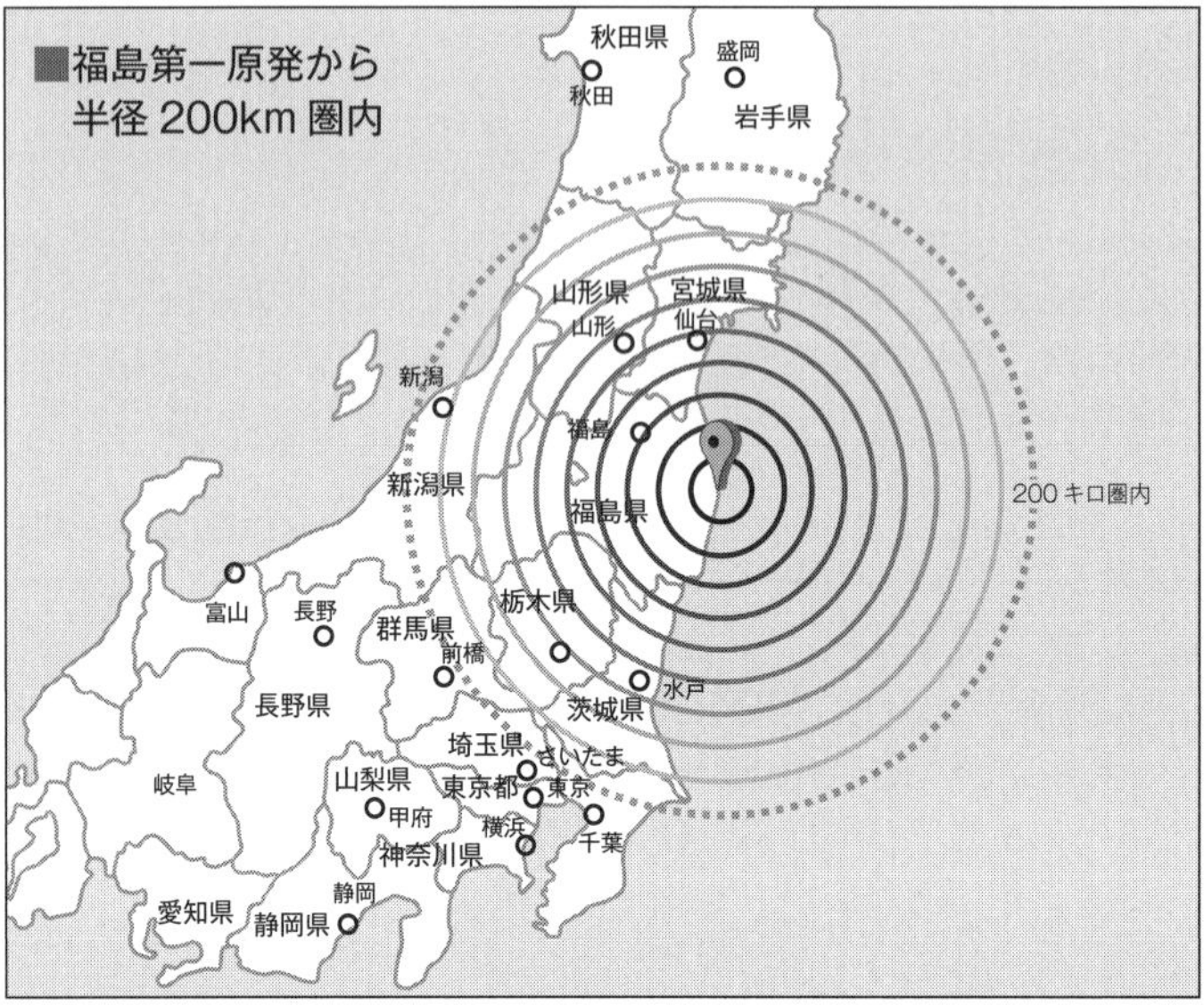

■福島第一原発から半径200km圏内

衛隊が英雄的な犠牲となること」を促し、「それを決心するのは、折木、あなただ」と断言した。

「原発事故対策は自衛隊を中心にしろ」という意見は、米国の個々の政治家・行政官・軍人の意見ではなく、米国政府総体の統一された意思だったのである。

　米国政府および在日米軍の素早い動きの目的と根拠は、第一に「自国民の安全を守るため」である。在日米国人を安全なところに避難させることは国家の大切な使命として捉えている。そのため同盟国であろうとなかろうと、常に他国に頼らず自分達で独自に情報を収集し、独自に避難マニュアルを作成している。そのあたりの危機管理は抜かりなく万全だ。

当初三月十四日ごろまで米国は、「福島第一原発の半径二百㎞以内からの退去」を想定していた。二百㎞というと、岩手・秋田両県の南部から茨城・栃木・新潟、東京・埼玉・千葉・群馬の一部がすっぽり入る距離である（右図参照。同心円の幅は二十㎞）。

横須賀のアメリカ人学校では、原発事故直後に、すぐに窓を閉めて学校も閉校したという。米韓軍事演習を中断し、福島沖に出動した米空母「ロナルド・レーガン」も、陸地からかなり離れたところに待機して放射線量をチェック、兵隊が放射能による被害を極力受けないようにしていた。

横須賀に司令部がある在日米海軍の原子力空母や原子力潜水艦には多くの乗組員、隊員が常時乗船している。米軍は、彼らが原子炉事故による放射能の被害を受けないよう、受けても最小限で済むよう、日頃から厳格な基準を定めている。人的被害への対策はもちろんだが、もし船体が放射能で汚染された場合、母港にも入れなくなる。だから神経質にならざるをえないのだ。われわれ陸上自衛隊には、こうした日々の情報も、自衛隊・米軍双方に駐在するＬＯ（リエゾン・オフィサー＝情報連絡官）からもたらされていた。

米国はその後の情報収集の結果、避難区域を「半径五十マイル（八十㎞）」と緩和させた。前頁の地図でいえば、中心から四本目の円の「内側には入るな」「外に退避しろ」ということだ。半径五十マイルになると関東地区は入らない。だが陸上自衛隊が展開している福島県の郡山市はすっぽり入る。その部隊まで退去するわけにはいかない。このように、自衛隊と米軍との共同作戦となると、さまざまな問題でのすり合わせが必要となる。それには多少手間取った。

ＪＴＦか、ＪＳＦか

三月二十一日午前十時頃、各幕僚長、情報本部長が出席した会議で、情報本部長から、「どうもアメリカがＪＴＦ（ジョイント・タスク・フォース＝統合任務部隊）を組んで来るらしい」という情報がもたらされた。

ＪＴＦとは、地域統合軍司令官が、特定の任務のために、必要な軍種の兵力を指定して編成する部隊のことだ。限定された地域と任務に対しては「国家の権限」を全部持っている部隊である。したがってＪＴＦを組む場合は、軍人だけではなく行政官まで含んだ部隊を編成し、指揮官は米国の国家権限を持つ。終戦直後にマッカーサー司令官が率いたＧＨＱ（連合国軍最高司令官総司令部）が日本に駐留したときと同じと思ってよい。イラクやアフガニスタンへの復興支援でも、米国はＪＴＦを組んで地域全体を占領統治した。

つまり、米国がＪＴＦを組んで来るということは、日本は原発事故対応において国家としての統治機能が不全状態に陥っていると判断し、「米軍が日本政府に代わって事態収拾を図る」という意思表示である。そうなったら自衛隊も米軍の指揮下に入ることになる。しかし、日本は先進国だ。日米同盟を結んでいる独立国である。原発事故対応で少々混乱していたことは確かだが、米軍がＪＴＦを組んで日本に来るのはおかしいと思った。

私は「日本はまだ国家としてつぶれていないし、われわれ自衛隊もしっかり機能している。ＪＴＦは不要、と米軍に伝えるべきだ」と強く主張した。われわれ自衛隊に米軍が助力してくれるのはありがたいことだが、災害出動を米軍主導でやるのはおかしい。自衛隊が米軍の指揮下に入って災害出動を行うのは筋が違う。日本は独立国だ。

その日のうちに、ロバート・ウィラード太平洋軍司令官（海軍大将）がやってきた。米太平洋軍はハワイ・オアフ島に司令部を置く三十万人の統合軍の長、ウィラード司令官が正式に提示したのはＪＴＦではなく、ＪＳＦ（ジョイント・サポート・フォース＝統合支援部隊）だった。「ＪＴＦを組んで来る」は杞憂にすぎなかった。

ＪＴＦとＪＳＦ。タスクとサポート、単語は一字違うだけだが内容は全く異なる。ＪＳＦの目的と役割は、文字通り、サポート・支援・助力であって、行動の主体は日本政府や自衛隊だ。ＪＴＦでなくてホッとした。「トモダチ作戦」（Operation Tomodachi）という名のＪＳＦが日米両国にとって適切なレベルの共同作戦だったのだ。

三月二十四日、米軍は三百人規模のＪＳＦを東京・福生市などにまたがる横田基地に新設した。わが国にＪＳＦの前線司令部が置かれたのはもちろん史上初めてのこと。指揮官はフィールド在

日米共同「トモダチ作戦」の概要

◆捜索・救助

- 空母「ロナルド・レーガン」等が艦艇やヘリによる捜索・救助支援を実施
- 米海軍P－3哨戒機（オライオン）が捜索活動を実施
- 自衛隊とともに行方不明者の沿岸集中捜索を実施

◆輸送支援（物資・人員）

- 米軍は、食料約246トン、水約8,131トン、燃料約120トンを提供・輸送
- 米海兵隊は、揚陸艦「エセックス」等による救援物資の輸送を実施
- 「ロナルド・レーガン」の乗員が、コート700着、靴100足、生活必需品を寄付
- 揚陸艦「トーテュガ」が、北海道の陸自隊員約240名、車両約100両を被災地へ輸送

◆インフラ

- 米海兵隊・陸軍等は、民航機の運航のため仙台空港の復興を支援（米軍機が一部運用）
- 米海軍は、サルベージ船により八戸港や宮古港で沈没船引き上げ等を実施
- 米海兵隊が、気仙沼市大島、石巻市の小中高校で瓦礫処理等を実施
- 米陸軍が、自衛隊との共同でJR仙石線の復旧作業を実施

◆原子力災害対応

- 消防車、消防ポンプ、放射能防護衣、真水搭載バージ・ポンプ、ホウ酸等の提供・貸与による原子炉冷却支援
- 航空機による放射線測定、画像撮影等の情報の収集・分析
- 統合幕僚監部への専門家の派遣
- 米海兵隊・放射能等対処専門部隊（CBIRF《シーバーフ》）の派遣

日米軍司令官（空軍中将）ではなく、在日米軍の上部組織である米太平洋軍のウォルシュ太平洋艦隊司令官（海軍中将）が二十三日に就任した。自衛隊も、それまでの市ヶ谷の日米調整所に加え、横田、仙台、仙台空港にも連絡チームを派遣して日米調整所を設置、互いの任務の調整をした。これにより日米共同作戦の姿が固まったのである。

米国はなぜ、ＪＴＦでなくてＪＳＦを組んできたのか。今振り返って考えてみると、当時の米国政府は、日本政府の原発対応に対して強い危機感を持ち検討していたのだろう。だがその後、空や陸からの放水がうまく行っていること、自衛隊がしっかり動いていることを現認し、日本政府も落ち着きを取り戻していると判断したのではないだろうか。

オバマ大統領がヘリ放水作戦について「いい作戦だったと思う。われわれは惜しみなく日本を支援する」と菅総理に電話で語ったというが、それもＪＳＦへの変更を裏づけている。

いち早く動いた米軍

在日米軍は発災直後司令部要員を全員招集し、夕刻には市ヶ谷の防衛省に連絡官を派遣して日米調整所を設置し、在日米陸軍も直ちに人道支援・災害救援活動（ＨＡ／ＤＲ）の準備を開始した。太平洋軍司令部も司令部要員を横田に派遣し、在日米軍司令部を増強、連絡調整にあたらせ、米太平洋軍規模による救援活動が開始された。

　このためシンガポールやカンボジアなどに訪問中の海軍・海兵隊の第七艦隊旗艦ブルーリッジ、強襲揚陸艦エセックス等主要艦艇が日本に向け急航した。韓国との合同演習参加のため、太平洋を西進中の空母ロナルド・レーガンなども予定を変更し日本に向け航行した。また韓国海軍、海兵隊との合同演習参加のため韓国に寄港していた揚陸艦トーテュガも日本に向け出港した。沖縄に駐留している第三海兵遠征旅団は夜通しで災害派遣に有効な資機材、救援物資を横田基地に急送する準備を整え、十二日早朝、旅団長以下海兵隊員は横田に到着し災害救援の態勢をとった。このように、米軍による災害への対応の立ち上がりは早かった。

　空軍は米本土から三沢基地にC17大型輸送機による救難資材、救援物資の輸送を開始した。また三月十六日早朝、第三五三特殊作戦群のチームが航空自衛隊の松島基地に到着し、仙台空港でのC１３０輸送機の着陸に必要な最低限の滑走路を確保する作業を開始し、応急復旧処置を完了して、仙台空港の本格的な復旧活動への先駆けとなった。これによって横田基地、三沢基地（青森県）、仙台空港の三つの救援補給拠点が大型輸送機で結ばれることになった。このように海軍・海兵隊、空軍の初動は、各コンポーネントごとに迅速、的確、実効性があり、学ぶべき点が多い。編成装備規模の点で自衛隊とは格段の差があるが、まず兵站基盤を確立してから部隊を投入する米軍の作戦の一端を再認識した。

米軍はこの大震災を受け、なぜ他国の自然災害にもかかわらず、このように迅速に行動したのだろうか。その理由は、事態が未曾有の地震、津波であること、それに福島原子力発電所の事故が重なり、まず在日米軍基地の軍人、家族を含む在日米国人の安否が気遣われ、状況によっては救出、国外・圏外への脱出の必要性があるのではと判断したことであろう。二つ目は同盟国の日本に対する支援として、原子力発電所事故への影響の大きさを考慮しての支援と、次に東北地方の地震・津波災害への人道支援、救援活動を行うためであった。

三月二十一日、ウィラード太平洋軍司令官が来日し、太平洋軍として組織的かつ総合的に本格的救援活動を行うことを表明し、二十三日、ウォルシュ太平洋艦隊司令官が米統合支援部隊（JSF）の指揮官を命ぜられ、彼が来日してから米軍の支援が本格化した。

米統合支援部隊は横田基地に司令部（JSF—Tomodachi）を置き、統合海上構成部隊（JFMCC）、統合航空構成部隊（DJFACC）、統合地上構成部隊（JFLCC）、統合特殊作戦部隊（JFSCC）から成っていた。

それぞれ司令官を任命し、組織的に動ける体制を整えていた。ウォルシュ太平洋艦隊司令官を在日米軍司令官のフィールド中将が副司令官となり補佐するとともに、在日米陸軍司令官のハリソン少将、在日米海軍司令官のウォーレン少将、第三海兵遠征軍司令官のグラッグ中将等在日米軍の指揮官達が補佐する体制がスタートした。米陸軍はJFLCCの構成部隊の中に入っており、当初指揮官は沖縄の第三海兵隊師団長であった。日本に駐留する陸上部隊は海兵隊が圧倒的に多く、ＪＦＬＣＣの指揮は海兵隊がとっていた。

この日から四月末まで、陸軍・海軍・空軍・海兵隊計一万六千人、航空機百四十機、艦艇十五隻、米予算総額八千万ドル（約六十八億円）を注ぎ込んだ「トモダチ作戦」が展開されたのである。

四ヵ所に「日米調整所」

ＪＳＦによる日米共同作戦を展開するにあたって、真っ先に検討したのが「日米調整所」の設置だった。先の四幕僚長会議で、米軍との共同体制について、どのようにすべきかが話し合われた。いくら陸海空自衛隊がそれぞれ日米共同演習を積み重ねてきたとはいえ、日本を舞台とした米軍と自衛隊の災害共同作戦は未体験。「まずは調整所を設ける必要があるだろう」ということになった。

「日米調整所」は、中央では市ヶ谷の防衛省およびＪＳＦ司令部が置かれた横田の米空軍基地に、現地調整所として仙台駐屯地のＪＴＦ東北および仙台空港（米軍の現地拠点）の計四ヵ所に設置することになった。

調整所には、日米双方が将官級および大佐（自衛隊は一佐）級の幹部を派遣した。防衛省には横田の米空軍副司令官が来ることになった。当然、横田にはそれに見合った人材を出さなければならない。統幕長から「日米関係にも強く英語も堪能な番匠君（陸幕防衛部長）を出してくれないか」と要請された。

これには私は困った。発災以来、陸幕の態勢は長期戦に耐えられるよう、任務区分を見直して総力を挙げて震災に対処していた。防衛部には通常の業務に加えて、不測の事態への対応を含む将来作戦の検討を命じていた。番匠陸将補は、私にとって右腕ともいえる人材である。しかも防衛部長である。しかし、調整所の機能は大切であり、この日米共同作戦を見事に機能させるためには、有能な人材を配置しなければならない。そこで、番匠陸将補や沖邑一佐等十人を派遣し、横田基地に常駐させることにした。後日談だが、「彼らは期待通り素晴らしい働きをした。自分のスタッフにほしい」とウォルシュ司令官も絶賛するほどだった。

統幕長の指示で、市ヶ谷の調整所の日本側責任者には統幕の磯部晃一君（防大二十四期卒）を配置した。官邸には航空自衛隊空将補の尾上定正君（防大二十六期卒）が張り付いた。こうして政府、自衛隊（市ヶ谷）・米軍（横田）を結ぶ中央調整所の体制を整えた。日米防衛協力のための指針（ガイドライン）でいつも課題となる「調整所」がここに構築されたのである。

次に現地での調整所の人員配置に着手した。自衛隊は仙台駐屯所、米軍は仙台空港を拠点として、それぞれ陸幕の廣惠一佐や笠松一佐など班長級の担当者を配置して現地調整所の体制を整え

■日米の調整メカニズム

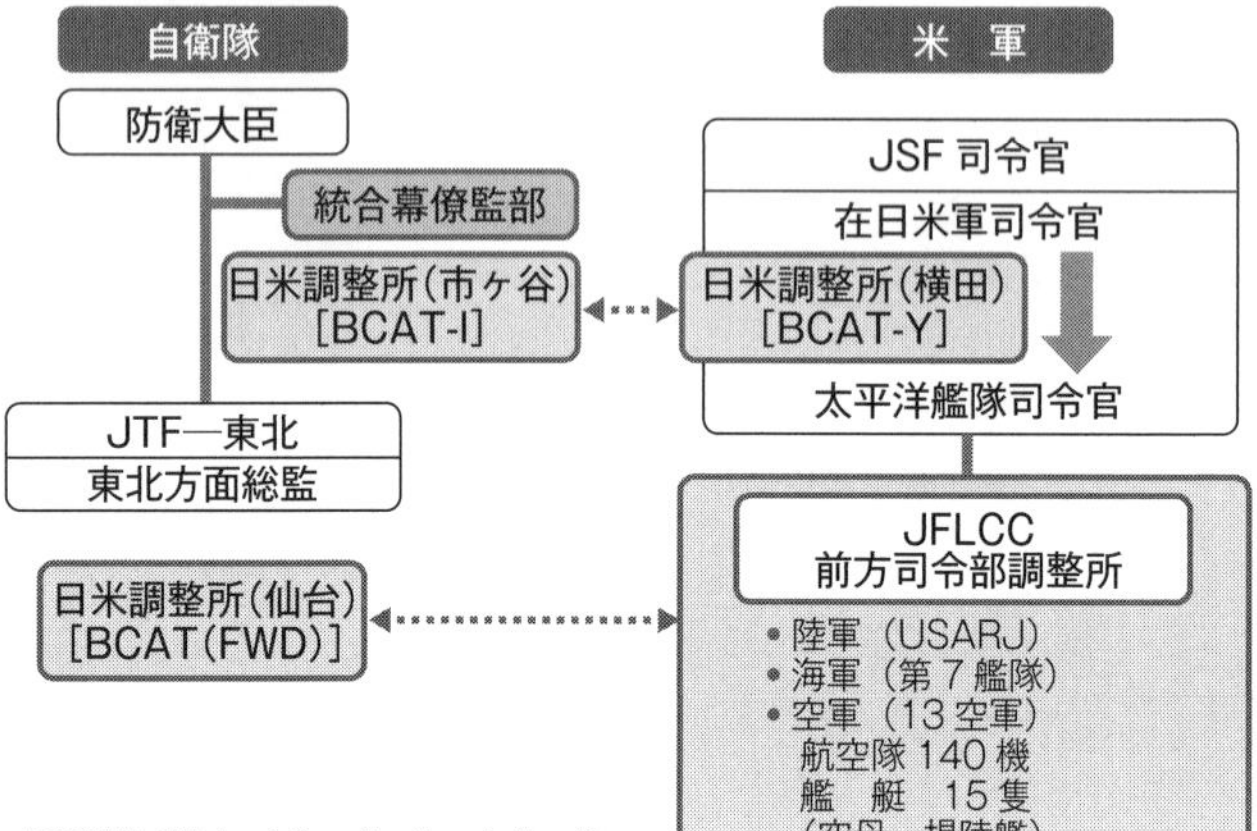

※BCAT : Bilateral Coordination Action Team

た。こうした体制を三月二十一～二十四日にかけて編成していった。

米軍の作戦行動は、まず飛行場を確保することから始める。兵員・物資の輸送には空輸が一番効率的で優れているからである。米軍が仙台空港を拠点に選んだのは、空港・滑走路の瓦礫を撤去すればすぐに使えるという判断だったようだ。仙台空港の近くには空自の松島基地があるが、津波でやられてしまい使えなかった。これにより、本国と三沢、仙台の大きな空港を使用することができるようになった。

空自はまず松島基地の再開を優先した。花巻空港も使えるし、そこからは陸路で運べるという判断もあった。

市ヶ谷（自衛隊）・横田（米軍）の中央体制、仙台（自衛隊）・仙台空港（米軍）の現地体制、

このような組織体制を作ることで、情報の整理、作戦の調整が機能し始めた。市ヶ谷は統幕が中心となり、横田の米軍と調整しながら方針を決めて現地に司令する。現地の仙台・仙台空港では、中央の司令を受けて、具体的な人員や装備の手配などを行う。それぞれの拠点に日米双方のLO（連絡幹部）がいるので、情報が正確に自衛隊・米軍に伝わるようになった。

文化・風習の違いを乗り越えて

とはいえ「トモダチ作戦」も初めからスムーズにいったわけではない。日米には文化、風習の違いがある。とりわけ「死」とか「遺体」に対する彼我の考え方の違いは大きい。そんなハードルを一つひとつ乗り越えて日米共同作戦が展開された。

例えば、三月十八日夕、第十一水陸両用戦隊の揚陸艦ハーパーズ・フェリーは秋田港に接岸し、海兵隊を上陸させようとした。しかし、海兵隊が被災地に乗り込んでのより積極的かつ大規模な救援活動について、当初は日米の調整ができていなかったことから、ずっと待機したままだったのだ。

「すぐに駆けつけたのに何をどうすればよいのか」分からず、海兵隊も多少苛立っているという情報もあった。実際には「活用する場面がない」と判断し、海兵隊らしい仕事の場を提供するよう私は指示した。

というのは、海兵隊が得意とする瓦礫処理は、大型の重機をふんだんに使って、ガリガリと力で処理する方法だ。しかし、われわれ自衛隊のやり方は、瓦礫を一つひとつ手作業で取り除いて行方不明者がいないかどうか捜索し、ご遺体が見つかれば大切に扱って収容する。その後、ご遺体がないことを確認したうえで重機を使って瓦礫処理をする。

初めから海兵隊風に、重機でガリガリとやったのではご遺体が傷ついてしまう。われわれは遺族の方がご遺体を見た時にできるだけ「きれいな死体」にしておきたいと考えるが、宗教・習慣が異なる彼らは感覚が少し違う。こうした日本独特の文化・風習を知らない海兵隊にまかせたのでは、ご遺体がどのように扱われるか分からないので、米軍には人命救助・行方不明者の捜索はやってもらわないで、当初は物資の補給を頼んだ。人命救助、行方不明者捜索は、これはやはりわれわれ日本の自衛隊の任務と判断した。

しかしながら、現地に共同調整所を設置した十八日以降、毎日米軍との調整、認識の統一が図られるようになった。海兵隊には三月二十七日～四月六日まで、当時手つかずだった気仙沼市大島（東北地方最大の有人島で面積約九㎢、「気仙沼大島」とも呼ばれる）に水陸両用作戦能力を活かして活動してもらった。基本的な作業は、瓦礫の除去と処理、浦の浜港の回復である。海兵隊の働きは素晴らしかった。瓦礫除去にあたってのご遺体の取り扱いについてわれわれが伝えたことをきちんとやり遂げてくれた。

特に港湾の浚渫《しゅんせつ》作業は、災害支援にはもちろん、被災地の復旧に向けて大きな効果があった。当時、海上路の復旧が緊急課題だったが、津波で流された家屋の瓦礫や、海岸に留められていた船や魚網がスクリューに絡んでしまうので、船が港に近づけない。そのため救援物資や資材を陸揚げすることができなかった。ところが海兵隊には、海上自衛隊が持っていない浚渫のための最新の大型機械がそろっていた。それらを使って、八戸港や宮古港のサルベージ作業を実施してくれた。

一万六千人の在日米軍は、空軍は救援物資や機材の空輸を受け持ち、海軍は三月十五日、揚陸艦トーテュガによって陸自第五旅団の部隊の海上輸送に従事してくれた。陸海空自衛隊の役割分担とほぼ同じだが、人がいる現場で従事するのはどちらも陸の部隊である。神奈川県座間基地を拠点としている米陸軍の実働部隊には、人数こそ多くはなかったが、JR仙石線（仙台市のあおば通駅から石巻市の石巻駅までの旅客線）の復旧作業や、被災者用の浴場の貸し出しなどに従事してもらった。米軍からは、「このような支援ができる」「このような物資・資材・重機がある」との膨大なリストを提供してもらったが、実際に依頼した業務の多くは、補給と特殊装置によるインフラ復旧、瓦礫処理だった。

空軍による支援物資の輸送方法には、彼らの戦場体験が顕著に表れていた。しばしばテレビ報道されるアフリカ難民等への救援物資投下作戦の動画を覚えている方も多いだろうが、米軍のやり方は、沖合に停泊している空母から物資をヘリに積み込み、難民が住む近くの空き地に空中から落とす。治安上の理由から、着陸して手渡すことはしない。彼らは東北の被災地でもこの方法をとろうとした。これには「待った！」をかけた。

戦場ではどこに敵兵やゲリラが潜んでいるか分からない。地上に降りて手渡していたら襲撃されるかもしれない。隊員の安全を最優先とした方法であることは承知のうえだが、ここは日本だ。アフリカや中東などの治安が悪い地域とは違う。

「救援物資は絶対に空から落とさず、地上で手渡すように」と要請した。米軍側もよく理解してくれた。自衛隊の海外派遣の機会が多くなる中、こうした現地の文化・風習の違いを理解したうえで作戦行動をとることの大切さと必要性を、逆に学んだ。

震災の救援活動はこうして日一日と進んだ。日米の共同作戦・共同作業も日を追うごとに順調にいくようになった。だが、懸案事項として残されたのは、やはり、過酷で経験のない原発事故への対応だった。

原発対応にシーバーフ派遣

原発事故への対処に関しても、米軍から放射能の管理や除染、技術的支援、原発の安定化のための資材、装備品などのリストが提示された。私はこのリストを見て、統幕長にこう言った。

「リストに載っている全部の業務をやってもらう必要はない。この中で、自衛隊で対処できないことだけをやってもらうことにしたらどうでしょう」

例えば、放射線管理の検知器や医療チーム等は自衛隊の装備と人的能力で十分に対応できる。しかし、有益な内容も多かった。

原子炉へ注水する際に適した特殊なポンプが横田基地にある。これは借りよう。横田基地から現地に運んで活用した。

原子炉への注水には真水が必要だが、福島第一原発に近い坂下ダム（福島県大熊町）は地震で亀裂が入り、ダムの水が渇水していた。そこで真水のバックアップ冷却水確保のためのパージ船の提供が米軍からあり、海上自衛隊が給水支援（パージ船の曳航）＝通称オペレーション・アクアの実施が指示された。大きなプールに水を入れて海上輸送する専用船だが、これが米海軍の横須賀基地にあるという。そこで二隻借り受け、海上自衛隊が用途支援艦と曳船《えいせん》を使い、横須賀から小名浜経由で福島第一原発港内（物揚場）へ回航し原子炉冷却に使おうとした。

ところが計画してみると、湾内の放射線量が高く、海上自衛隊の用途支援艦や曳船が物揚場に近づけない恐れがあった。そこで海上自衛隊から陸上自衛隊に「（ヘリ給水作戦で使った）タングステンシートがほしい」と要請があった。海自にはもともと放射能対策など特殊な設備が備わっていない。放射線量測定の機器や防護服も備わっていない。したがって、特殊武器防護隊の要員が放射能対策の基本を教え、現地まで同行支援してオペレーション・アクアを実施した。

オペレーション・アクアは、実際には予備的な作戦でしかなかったが、このように米軍の支援リストの中から、これは要る、これは要らないと取捨選択して、必要な支援をしてもらったわけである。

三月三十一日のこと、オバマ米大統領が「（特殊武器等から人を救出するために）シーバーフ部隊の派遣を決定した」と発表した。シーバーフ部隊（CBIRF＝Chemical Biological Incident Response Force＝ケミカル・バイオロジカル・インシデント・レスポンス・フォース＝化学生物事態対処部隊）は、オウム真理教による「地下鉄サリン事件」を契機に、翌一九九六年（平成八年）に創設された生物兵器、化学兵器、核兵器、放射能兵器、高爆発物等を専門とする米海兵隊の即応部隊だ。

特殊武器とは、今回の場合は原発放射能を指す。特殊武器への緊急対応ができる即応部隊であるが、その任務は人を救出するだけでなく「汚染された人々、危険なウイルスなどに感染した人々をその区域から一歩も出さない」究極の任務を持つ。

私は「シーバーフは原発周辺にはよほどのことがない限り入って来ない」と読んでいた。なぜなら、当時米軍は、福島第一原発の三十km圏内には決して入って来なかったからである。東北沖に出動し、ヘリコプターによる被災者救助、行方不明者捜索を行ってくれた米海軍の空母ロナルド・レーガンの隊員十七人が三月十四日、仙台市で救助活動中に被曝したことが判明したため、米海軍は全ての艦船を福島第一原子力発電所の風下から離脱していたことも判断材料の一つだった。

シーバーフは、いざという時は命がけで現地に突入する精強部隊だが、自衛隊を差し置いて突入するはずがない。それぐらい放射能に対しては慎重であった。それより何より、自衛隊がまず任務を全うすべきであると私は思っていた。

でもせっかく来てくれたのだから、米軍には「三十km圏外で待機して必要な訓練をしておいてほしい」と伝え、部下には「われわれ陸自の化学部隊とどう違うか、装備等を見て来い」と研修に行かせた。すると、放射能対応の防護服等、われわれとあまり大差のない装備だという。シーバーフ部隊は直接の原発事故対応の体験もないし、お互い生身の人間だから特別な違いはない。放射能対策もまたしかりだった。

繰り返すが、日本が本気になって対処しなければ、米国も本気にならない。まさに「隗《かい》より始めよ」である。自国の国民と国土の安全と平和は、自国民が最先頭で立ち上がなければ守れない。当たり前のことだが、「他人任せ」「お願いします」では守れない。二国間や多国間の集団的安全保障は、「自分の国はまず自分で守る」という大前提を実践実行することによって初めて成り立つ。「国防において一番大切なことを再認識した」といっても過言ではない。

日本政府 各省庁バラバラの対応

当時の政府の原発事故対応に対して、われわれ自衛隊は前述したように相当とまどい、正直言って、時には苛立った。トモダチ作戦を担った在日米軍にはそれ以上に苛立ちがあったのではないかと思う。

四千八百余の軍用核兵器（二〇一三年九月、米国発表）を保有し、原子力空母、原子力潜水艦等を全世界の海域に配備している米軍は、核の取り扱い方や放射能防護について厳格な規定がある。万が一事故が起きた場合に備えた対策のシミュレーションは、さまざまな想定の上で綿密に作られているはずだ。そして、対策の主役は軍隊だ。

発災直後から偵察機を飛ばして状況把握に努めていた在日米軍は、現場上空からの写真撮影、放射線測定を敢行、情報の収集と分析をしていたようだ。三月十二日の一号機爆発の現場映像などを見れば、福島第一原発がどのくらい深刻な事態になっているか、どの段階でメルトダウン（炉心溶融）が起きたか、かなり早い段階で情報分析、起こりつつある事態を想定していたはずだ。これに対して日本政府は「ああでもない」「こうでもない」「大丈夫だ」「爆発的事象だ」と枝野官房長官が言を左右にしていた。その矢先に、今度はドカンと三号機が爆発した。

上空から撮影した画像を分析することで、ある程度の被害状況は分かるが、原発建屋内の状況や冷却水の水位、温度などのデータがなければ、いくら画像を分析しても原子炉の状態は分からない。原子炉の損傷が本当にどの程度なのか、燃料棒は露出しているのかいないのか、空中写真では想像の域を出ず、原子炉内部の詳細な情報は日本政府が出さないことには何も分からない。状況が分からなければ最適な作戦を立てることができない。だから米国および米軍は苛立ち、ＪＴＦの派遣まで考えざるをえなかったのだろう。「日本政府は真相を隠している」と不信感を持ったのかもしれない。しかし、あとから分かったことは、真相を隠しているのではなく、被害状況が把握できていないから答えようがないというお粗末な実状だった。建屋内外の放射線量を測定するセンサーが津波で壊れてしまい、どんな状況なのかさっぱり分からなかったというのが真相である。

一方、菅首相は、官邸で怒鳴りまくるばかりだし、役人は役人でどうしたらいいか分からない。ＳＰＥＥＤＩは稼働していたのにもかかわらず、所管の文部科学省は「混乱を招く」として国民に公開しなかった（のちに政府は陳謝したが）。

ＳＰＥＥＤＩは、原発から放出された放射性物質の量や空間放射線量、被曝線量などを気象条件や地形をもとにスーパーコンピューターで予測し、原発事故時の避難誘導に資することを目的としたもの。一九八六年（昭和六十一年）に運用を始め二〇一〇年度（平成二十二年度）までに百二十億円もの国費が投入されたのに、「いざ鎌倉！」の時に使わなかった。国家の危機管理としてお粗末の極みと言わざるをえない。これでは、同盟国といえども苛立つのは当然だろう。

当時、政府が次々と発表した避難指示の変遷を振り返ってみても、対応は後手後手だった。三月十一日午後八時五十分に、福島第一原発から半径二㎞以内の住人に避難指示が出された。その後は、半径五㎞、十㎞と、ちびりちびりと情報を小出しにして避難指示区域を拡大し、やっと十二日の午後六時半、「半径二十㎞圏に避難指示」を出し、十五日に半径二十〜三十㎞の圏を「屋内退避促進区域」に設定した。

私は中江防衛事務次官が参加した省内の会議で、「例えば、避難指示区域を五十㎞ならば五十㎞に設定して、圏内の住民を避難させてくれれば、自衛隊が内側を立入禁止にして、原発安定化のために自衛隊がやるべきことがあれば何でもやります」と具申した。というのも、当時、万が一の場合の避難者の誘導、避難支援、原発内の職員の救出支援準備、原発の石棺化まで考えておかねばならない状況であり、作戦が極めて複雑になると思ったからである。

中江次官は、私の意見を政府の会議で言ってくれたようだが、菅総理は「五十km圏避難」を決断しなかった。避難指示区域を五十kmにすると避難者の数が圧倒的に増えるし、社会経済への影響も大きい、パニックになる恐れがあるという政治的判断があったのだろう。

原発事故のすぐあと、東京に拠点がある各国の大使館・領事館勤務者の家族の一部は、関西、中国、九州、沖縄にまで避難していた。実はこの時期、放射能汚染の実態を一番知らされていなかったのは主権者である日本国民だったのだ。首都圏近くのある自治体では、在日中国人の多くが帰国して一時的に人口が急減したということをあとから聞いた。

地震発生すぐあとに、各国・地域が救援隊を派遣してきた。震災から三日の間に六ヵ国（韓国、米国、シンガポール、中国、スイス、ドイツ）が被災地に入った。その中でも震災翌日にいち早く派遣したのは消防防災庁職員などで構成されるレスキュー隊チームの韓国であった。三月十二日には、救助隊員（総勢百七名）と救助犬（二匹）が仙台へ向かい、行方不明者の救助、捜索活動を行った。中国も国際援助隊が生存者の捜索に必要な設備や救急医療物資を携行して羽田空港に降り立った。続いてモンゴルからは非常事態庁の長官を隊長とする緊急援助隊が、台湾からも救助隊が宮城県に入り捜索活動を行った。

こうした迅速な行動は、日本に住む自国民の緊急避難、緊急帰国を視野に置いた行動だったようだが、在外自国民の生命を守るという意味で全く正しい行動である。

同盟国として同じ痛みを共有する

在日米軍は日本側のこういう状況を見ながら、原子炉へ注水する特殊なポンプや給水パージ船を貸してくれた。こうした米軍とのジョイント・プロジェクトは全く初めてのことだった。これまで数十年にわたって「ヤマサクラ」と名付けた日米共同方面隊指揮所演習（実際に部隊を動かして行う合同演習ではなくコンピューター上での図上演習。一九八二年＝昭和五十七年＝から始まった日米共同演習で、自衛隊から二千人、米軍から千人の指揮官クラスが参加する）で、陸上自衛隊は米海兵隊とともに、連隊・中隊レベルでの実働演習を行っている。海上自衛隊、航空自衛隊もそれぞれ米海軍、米空軍と日米共同訓練を行っている。自衛隊は同盟国の軍としてこのように米太平洋軍との連携を積み重ねてきているが、今回のように米軍と実際にオペレーションを行ったのは初めてである。

私は陸幕長時代の二〇〇九年（平成二十一年）六月、ワシントンDCからポトマック川を渡ったバージニア州のアーリントン国立墓地を訪れた。墓地の「セクション60」にはイラク戦争、アフガンでの戦いで戦死した米兵の墓がある。この両戦争では米軍も六千人の戦死者を出している。私が訪れた時にも葬儀が営まれていた。献花をして弔意を表した。

また、ワシントンにあるウォルター・リード米陸軍病院を訪ね、傷病兵を見舞った。一人は二十歳代の若い兵士だった。車椅子に乗る彼には四肢がなかった。私が陸幕長の記念メダルを手に持ち、握手をしようとしても握手ができない。そこで握手のかわりに彼を抱き締めた。ご家族はたいそう感激してくれたが、私は単に同盟国の義務とか立場上の儀式としてアーリントン墓地や陸軍病院に行ったのではない。同盟国・同盟軍の陸幕長として、同じ痛みを共有していることを示したかったのである。

特に陸軍、海兵隊、陸上自衛隊といった地上軍は、どこの戦闘地域を見ても戦死者も負傷者も圧倒的に多い。われわれ自衛隊は現在、国の方針として外国での戦闘地域には行かないが、国内で戦闘になれば真っ先に行かねばならない。その時、同盟国の地上軍の参謀長として同じ痛みを共有していないことには来援する気も起こらないだろう。

私はこの訪問で米軍および米軍人に「われわれ自衛隊は米軍の同盟軍である」ことを伝えたかった。米軍のある司令官は、

「ゼネラル火箱、日本が法律によって自衛隊を派遣できないのはわれわれも理解している。そう無理をするな」と言ってくれた。

最近、米国海軍の退役軍人と話した。

「オバマ大統領が『尖閣諸島は日米安保条約の対象になる』と明言したので日本政府も安心した

だろう。だが、アメリカだけが防衛任務を負うわけではない。日本が防衛任務を行って初めて米軍も加わる。一緒になってやろう」と言っていた。災害派遣と同じである。

米国が考える集団的自衛権の行使は、こういう認識の上に立っている。ともすれば日本国民や政府にも「日米安保条約によって日本の安全保障はアメリカが肩代わりする」「いざとなったらアメリカが助けてくれる」という意識があったと思う。これは幻想である。「自分の国はまず自分で守る」ことを実行しなければ、いくら「二国間の防衛協力は、日本の安全と地域の平和と安定にとって死活的に重要」（外務省「日米同盟：未来のための変革と再編」骨子）と声高に繰り返しても、米国だって協力はしてくれない。国の平和と安全は、待っているものではなく、自ら勝ち取るものだからである。

メキシコ湾岸一帯に大きな被害をもたらせたハリケーン・カトリーナのときと比較して、「アメリカでは暴動や略奪が多発したのに対して、日本の人々は落ち着き、お互いに助け合っている。素晴らしい。助けるに価値ある国だから助けるのだ」と言ってくれた米軍の将軍もいた。

国際社会における米国の相対的な国力、軍事力は、以前に比べて落ちていることは事実だ。加えて米国内にはイラク、アフガン、その他での戦争で厭戦《えんせん》気分も広がっている。空爆の物量作戦だけでは戦争に勝てないことは、ベトナム戦争で経験済みだ。北ベトナム・ベトコン（南ベトナム解放民族戦線）のように、地下壕や地下基地を網の目のように設けていれば、いくら空爆を続けても地上の建物を破壊できても、敵を殲滅《せんめつ》できない。占領するためには地上軍が必要になる。必然的に犠牲者が増える。

米国の国内事情からいっても、これ以上の深入りは不可能だろう。イスラム国が強気に出ているのは、そうしたアメリカの事情を熟知しているからである。今や「アメリカは世界の警察」ではなくなっているのだ。

集団的自衛権の行使を認めると「米国の戦争に日本が巻き込まれる」と危惧する人がいる。しかし、行使は権利であって義務ではない。行くか行かないかはその時の政策判断であるので、危惧する必要はない。反対に日本が日本の自衛戦争のためにアメリカを巻き込むという側面もある。そういう認識を持つことも必要ではないだろうか。同盟の絆を強めるためには、利益の共有はもちろん必要だが、リスクの共有がなされて初めて絆が深まることを銘記すべきだ。

今回の震災に際して、陸海空自衛隊十万七千人、航空機五百四十機、艦艇六十艘が被災地に戦力集中した時、日本の防衛力は空き家同然だった。もしも、中国や北朝鮮がこの機に乗じた軍事行動、例えば尖閣諸島占拠、日本海沿岸からのゲリラ上陸のような行動を起こした場合、日本の防衛能力はどうしようもなかった。私が災害派遣で一番懸念したのはそのことだったが、米軍が日本に駐留していたこと、米軍が人道支援や災害復旧、原発事故対応などでともに行動してくれたこと自体が、抑止力になったのである。

第二部　第五章

明日の防衛に向けて

一・自衛隊とは何か

大江健三郎と吉田茂

東日本大震災発災五ヵ月後の二〇一一年（平成二十三年）八月五日、私は陸上幕僚長を辞し、八ヵ月の浪人の後、二〇一二年四月に三菱重工業㈱の顧問となった。

思えば一九七〇年（昭和四十五年）、大分県立中津南高校を卒業して神奈川県横須賀市、三浦半島の小原台に建つ防衛大学校に入校したころは、防大の制服制帽で街を歩いていると何となく街の人の視線が気になる時代だった。先輩達の時代には世間はより厳しく「税金泥棒」と言われたりもしたそうだ。われわれ十八期の防大生も「日陰者」のような存在として見られ、われわれ自身も、何か「気後れ」するような気持ちがあった。

ノーベル賞作家の大江健三郎氏などは、毎日新聞のコラム「憂楽帳」に、防大生を「ぼくらの世代の一つの恥辱」とまで書いた（一九五八年＝昭和三十三年六月二十五日付）。

《ここで十分に政治的な立場を意識してこれをいうのだが、ぼくは防衛大学生をぼくらの世代の若い日本人の一つの弱み、一つの恥辱だと思っている。そして、ぼくは、防衛大学の志願者がすっかりなくなる方向へ働きかけたいと考えている》

コラムの内容には憤りを通り越して、大江健三郎という人物そのものに心底がっかりしたものだ。そんな時は、吉田茂元総理の言葉を思い出し、歯をくいしばっていたものである。

第三次吉田内閣時代に警察予備隊を創設し、防衛庁（現防衛省）の前身である「保安庁」を設立し（一九五二年＝昭和二十七年七月）初代長官を務めた吉田元総理は、総理大臣を辞した二年後の一九五七年（昭和三十二年）二月、卒業を直前にした防大第一期生に対して、「一生ご苦労なことだと思うが国家のため忍び耐え頑張ってもらいたい」という言葉を贈っている。

いわゆる「再軍備」には反対の立場で「軽武装・経済外交」の吉田ドクトリンを掲げた吉田元総理だが、保安大学校（防大の前身）の設立に関しては設立場所から教育方針、教育科目を決め、天皇陛下の教育掛（東宮御教育常時参与）・小泉信三氏の推薦を受けて、政治学者の槇智雄《まきともお》氏に初代校長を依頼するなど、現在の防衛大学校の基礎を作られた人物だ。

総理在任中を含め七回も防大を訪れ、防大一期生が卒業アルバムを制作しようとした時には金一封を包み、「どんな学生ができたかね。家によこしてくれ」とまで言ってくださった。そこで三人のアルバム編集委員の学生（それぞれ陸海空自衛隊に任官）が大磯の私邸を訪問、元総理は白足袋、和服に袴姿で、葉巻の煙をくゆらせながら防衛問題を熱く語ったという。卒業アルバム編集長だった一期生の平間洋一氏（元海将補、元防衛大学校教授）が「大磯を訪ねて知った吉田茂の背骨」（月刊誌『歴史通』二〇一一年七月号、ワック㈱）の中でこう懐述されている。

《会話というよりは総理が一方的に話し、話題は主として防衛と防衛大の教育問題であったが、座談の名手という感じを強く受けた。

「今の日本はアメリカとの安全保障の下に経済復興を図るのが第一で、アメリカが守ってやるというのだから守って貰えばよいではないか。世界に自分の国だけで守れる国などないよ。自主防衛など不経済でチャンチャラおかしい」（中略）

「学生さんは若いんだから、腹を空かせて帰すわけにはいかない。何か食べさせてやりなさい」と言われ、われわれは応接室からダイニングに入ろうとした。

総理は立ち上がり、「君たちは自衛隊在職中決して国民から感謝されたり、歓迎されることなく自衛隊を終わるかも知れない。非難とか誹謗《ひぼう》ばかりの一生かもしれない。ご苦労なことだと思う。しかし、自衛隊が国民から歓迎され、ちやほやされる事態とは外国から攻撃されて国家存亡《そんぼう》の危機にある時とか、災害派遣の時とか、国民が困窮しているときだけなのだ。言葉を変えれば君たちが日陰者であるときのほうが、国民や日本は幸せなのだ。堪えて貰いたい。一生ご苦労なことだと思うが、国家のために忍び堪えて貰いたい。自衛隊の将来は君たちの双

肩にかかっている。しっかり頼むよ」といわれた》

この吉田元総理の言葉は、自衛官が心すべき諫《いさ》めとして防衛大学校で語り継がれている。吉田元総理は「防衛大学校創設の父」と敬愛されているのだ。そして一期生の卒業式では、「独立国の国民として、国の独立ほど大事なものはなく、この独立を守る事こそ、国民としての名誉であり、誇りであり、この誇りが愛国心の基礎をなすものである。国民に独立を愛し、独立を守る決心なくんばその国の存在はありえない。この決心が一国の興隆繁栄を来すのである」との訓示もされている。

自衛隊創設から六十年

昨年（二〇一四年）は自衛隊創立六十年という節目の年であった。一九五四年（昭和二十九年）発足した陸・海・空自衛隊は還暦を迎えたわけである。一九五〇年六月二十五日、北朝鮮軍の突然の韓国侵攻で朝鮮戦争が勃発した。当時日本を占領中のマッカーサー連合国最高司令官は国連軍司令官に任命され、在日駐留米軍を朝鮮半島に派遣した。続いてマッカーサーは七月八日、日本国内の治安維持のため七万五千人の警察予備隊の創設と海上保安庁の八千人の増員を指示した。いわゆるマッカーサー指令である。陸上自衛隊の前身はこの指令によって創設された警察予備隊である。一方、海上自衛隊は同時発せられた海上保安庁の増員によって創られた海上保安予備隊改め海上警備隊が前身である。海上警備隊は警備隊と名称は変更され、一九五二年に警察予備隊と警備隊が統合された保安隊に改組される。さらに一九五四年七月一日、新たに航空自衛隊を加え自衛隊が発足した。

戦後、わが国は連合国軍の占領により陸・海軍の解体、軍需生産基盤の破壊等破壊的、禁制的非軍事化政策を厳しい支配下で断行され、さらに憲法改正、教育基本法、労働基準法等の制定など民主化という内外改革の遂行を巧妙に進められた。しかし、ソ連を中心とする共産主義のアジアへの脅威を感じつつあった米国政府は、一九四八年頃から非軍事化の見直し等、対日政策の転換を始める。わが国を旧敵国として処断するよりは冷戦下の新たな友好国として再建し、対日講和することを企図し始め、そのためには日本の経済の復興と再軍備が必要と考えていた。

しかし、絶大な権力を持つマッカーサー司令官は再軍備については反対していた。本国政府は朝鮮戦争勃発前の六月二十二日にダレス特使を日本に派遣し、吉田総理に再軍備を迫っていた。その最中に起きたのが朝鮮戦争である。ダレスはいったん帰国するが再来日し、再び再軍備を促すことになるが、わが国の占領政策の非軍事化に逆行する激烈な変化を与えたのが朝鮮戦争であった。吉田総理の考え方は、戦後日本の立国の基盤を米国との協調によって対内的（間接侵略）

は自力で、対外的（直接侵略）は米国に依存するというものであった。したがって、今再軍備すれば経済がもたない。いずれ再軍備する場合は、新しい国軍の建設が必要と考えており、あくまでダレス特使の再軍備要求には拒否の姿勢を貫いていた。

一九五一年一月にダレスは再来日し、再軍備問題で再び吉田に迫る。再軍備に踏み切りたくない吉田だったが、講和条約成立のためある程度米国の要求を受け入れざるをえず、五万人の保安隊と保安企画本部の創設を密約する。

同年四月、マーシャル国防長官から正式に、わが国に対し十個師団、三十二万五千人の陸軍と海上保安庁の増強を承認するとの文書も発せられている。五月、警察予備隊は四個管区隊、十二普通科連隊、四個特殊連隊を基幹とする部隊が出来上がっていた。しかし、この要員は旧軍人を除いた集団であり、素人の集団で練度においては問題を抱えていた。

対日講和を急ぐ米国は九月四日、ワシントンにおいて四十九ヵ国が参加しての対日講和会議（サンフランシスコ会議）を主導し、九月八日、陸軍第六師団のあるモンシディオ基地で対日平和条約（日米安保条約）が調印された。この条約の発効が一九五二年四月二十八日であり、この日初めて日本の独立が認められ、日米安保体制が発足したのである。

保安隊から自衛隊へ

同年八月、保安庁が発足、十月には警察予備隊と警備隊を統合し保安隊に改組された。この保安庁発足の時の保安庁長官は吉田総理であり、その時の訓示が残っている。

「再軍備しないというのは国力が許されないからで、一日も早く国民自ら国を守るようにしたい。(略)新軍備は新しい考えから出発せねばならず(略)国民のための軍隊でなければならぬ。(略)新軍備の建設は先ず幹部の養成が第一で兵隊を作ってしかる後と言うのでは間に合わない。保安隊新設の目的は新国軍の建設にある。諸君はそれぞれの間、新国軍建設の土台となる任務をもっている(略)」

当時吉田は、旧軍とは別次元の国民のための新国軍の建設を企図し、そのための幹部の養成学校として保安大学校(後の防衛大学校)の設置を指示している。治安維持のための警察予備隊から保安隊への改組は、新国軍のための土台作りと位置づけていたのではないか。この時点では朝鮮戦争は継続中であり、明らかに新国軍の建設を企図していたと思われる。

一九五三年七月二十八日、朝鮮戦争休戦協定が締結され、朝鮮半島に一時的な平和が訪れたころの九月、吉田(自由党党首)・重光(改進党党首)会談が実現し、自衛隊創設に向け、保守三党(自由党、改進党、日本自由党）折衝が行われた。また、米国は引き続き再軍備をわが国に迫っていたが、十月、吉田総理の特使として訪米した池田勇人自由党政調会長とロバートソン国務次官補との会談があり、わが国の安全保障体制に関して、日本の防衛は米国が援助することが合意された。この際、陸上自衛隊の規模が当面十八万人を目標とすることを米国に了承してもらっていた。

保守三党は自衛隊を設置するための折衝に入るが、それぞれ自衛軍創設に対する考え方が異なっていた。自衛隊の性格を国内治安中心部隊の延長か、明確な軍事組織への転換かという今後の防衛政策の基本方針が激しく議論された時期もあったが、一九五四年六月九日、自衛隊が発足（七月一日施行）した。自衛隊は保守合同のいわゆる五五年体制以降も、憲法を改正せず、自衛隊の位置づけを曖昧にしたまま、戦後の平和主義憲法の理想主義と厳しい冷戦を背景とした現実政治のはざまでなし崩し的に再軍備されていく。

一九五七年に国防の基本方針が定められ、東西冷戦下の国際情勢の中で、一九五八年（昭和三十三年）から一九七五年（昭和五十年）まで、第一次・二次・三次・四次防衛力整備計画に基づき、陸・海・空自衛隊の増強がなされていく。この時代は米ソの厳しい冷戦下、核戦争、大規模戦争、特にソ連による北海道への侵攻も十分視野に入れながら、逐次防衛力を整備していった。

この計画は所要防衛力構想と呼ばれ、国際情勢の変化をふまえ、財政状況を考慮して必要な防衛力を漸次整備していく考えであった。

二、日本の国防を考える

未曾有の大災害、東日本大震災の災害出動を経験して、私が痛切に思ったことは多い。国家体制の不備や人員・装備など自衛隊組織のあり方、課題など、解決すべき問題点を提起したい。大規模災害だけにとどまらず、わが国の国防、集団的自衛権にもかかわる問題が数多くある。以後は、約四十年間の防大・自衛官生活から見た「わが国の平和と独立を守る」防人として半生を送った元自衛官の率直な意見と提案である。

「集団的自衛権」は一歩前進したが

現在の世界の安全保障環境、情勢、わが国を取り巻く安全保障環境は、憲法ができたころ、あるいは米ソ対立の冷戦期とも違う安全保障環境に変化しており、年々不透明、不確実さが増大し、自然災害も含め、いつどこで何が起きても不思議でない時代に入っている。長い間自衛隊に奉職した者として、憲法を改正し速やかに自衛隊を国軍にしてもらいたいが、その改正を待っていては、わが国の安全保障に重大な影響を及ぼす事態が生起しても、自衛隊として対応が遅れ、国家の防衛や国民の安全を全うできなくなりはしないかと危惧している。したがって憲法改正までの間、現行憲法の解釈により制約となっていた自衛隊の運用体制を見直し、国家としてできる最大限の安全保障体制を早急に構築しておく必要がある。

例えば、憲法九条が禁ずる「海外派兵」と「武力の行使」の禁止の問題である。グローバル化が進み多くの企業、邦人が海外で活躍している。彼らは外国の地にいてわが国の繁栄に寄与している。仮にこれらの邦人が紛争等に巻き込まれた場合、主権国家としては邦人救出に向かうべきと考えるが、現状は次の通りである。

自衛隊を海外出動させる場合「輸送」を行うことができるが、武器使用をともなう「救出」作戦はできない。救出時抵抗する外国での戦闘行為が避けられない場合、これを「武力の行使」とみなされ、また「武力の行使」の目的をもって部隊を他国の領土、領海、領空に派遣することは「海外派兵」とみなされる。これは自衛のための必要限度を超えるものであって、憲法上許されないというのが現在の解釈である。

実際、一九八五年（昭和六十年）イラン・イラク戦争時、イラン滞在の邦人救出のために自衛隊を派遣することができなかった。「自衛隊が出動できないような危険地帯に民間機を飛ばせない」と日本航空がフライトを拒否したため、日本人二百十五人が取り残されたが、幸いにしてトルコ政府の協力で、自国民救出のために二機増やしてくれたトルコ航空機でイランを脱出したことはよく知られている。ちなみに、このときに飛んでくれたのは「日本人を助けるためなら危険地帯でも」と、自ら進んで志願してくれた民間航空機のトルコ人パイロットである。

また、二〇一三年一月十六日、アルジェリアのイナメナス付近の天然ガス精製プラントにおいてイスラム系武装集団が起こした人質拘束事件は記憶に新しい。日揮の社員七人が犠牲となった事件である。アルジェリア軍は事件を受けてすぐに現場付近に展開、施設を包囲し人質の出身地である諸国も特殊部隊を現地に派遣し、要請があれば救出に動くべく準備をしていたという。これに対し日本政府の対応は情報収集のみで、具体的な対応として何もできなかった。陸上自衛隊を出す考えもあったようだが、法的な問題があり実現はしなかった。私が退官したのちに起きた事件であり、傍観者として意見を述べるなら、陸上自衛隊はまだ外国での人質救出作戦をやれるほどの態勢は整っていない。現在の法律は港湾等の安全が確保されていることを前提に、在留邦人を救出ではなく、輸送することが任務となっており、そのための訓練ができているにすぎない。

この日揮事件を受け、今まで海・空輸送に限定していた法律が陸上輸送も含めるように改正されたものの、真の意味の救出作戦ができる態勢はできていない。在留邦人の命を守れず主権国家といえるだろうか。

安保法制懇の提言（第一次、第二次安倍内閣）

安倍晋三内閣総理大臣（第一次安倍内閣）は二〇〇七年五月、「安全保障の法的基盤の再構築に関する懇談会」（以下「安保法制懇」という）を設置した。政府はこれまで、集団的自衛権の権利は有するもの行使はできないとしてきた。総理が当時懇談会に提示した「四つの類型」①公海における米艦の防護、②米国に向かうかもしれない弾道ミサイルの迎撃、③国際的な平和活動における武器の使用、④同じ国連ＰＫＯ等に参加している他国の活動に対する後方支援についてであった。

これを受け、懇談会は真摯な議論を行い、二〇〇八年六月に報告書を提出した。報告書では「四つの類型」に関し具体的な問題を取り上げ、「これまでの政府の解釈をそのまま踏襲することでは、今日の安全保障環境の下で生起する重要な問題に適切に対処することは困難となってきており、自衛隊法等の現行法上認められている個別的自衛権や警察権等の行使等では対処しえない場合があり、集団的自衛権の行使及び集団安全保障措置への参加を認めるよう憲法の解釈を変更すべきである」と報告した。

その後、わが国を取り巻く安全保障環境は、前回の報告書提出以降わずか数年の間に一層変化したことを受け、安倍総理（第二次安倍内閣）は二〇一三年二月、本懇談会を再開し、過去四年間の変化をふまえ、安全保障の法的基盤について再度検討するよう指示した。

安保法制懇は二〇〇八年の報告書の四類型に限られることなく、四類型以外の行為についてもわが国が対応する必要性が生じることを確認しつつ、わが国の平和と安全を維持し、その存立を全うするためにとるべき具体的な行動、あるべき憲法解釈の背景となる考え方、あるべき憲法解釈の内容、国内法制のあり方についても検討を行った。

その結果、安保法制懇は二〇一三年五月十五日に安倍総理に報告書を提出した。この報告書では、①集団的自衛権、②軍事的措置をともなう集団安全保障措置、③武力攻撃に至らない侵害、④ＰＫＯ、在外自国民の保護・救出、国際治安協力の四項目について報告された。その内容は、現憲法下でのわが国として取りうるギリギリの安全保障政策であり、現場の意見を取り入れた極めて妥当適切なものであった。

この①②項の「集団的自衛権」と「軍事的措置をともなう集団安全保障措置」という概念だが、法律用語は難しく一般の方には理解しづらい。正鵠《せいこく》を得ていないかもしれないが、私はこのように理解している。

私の郷里のような集落があった。この集落に「日の本家」と「米国家」が隣同士で住んでいた。この両家や友達家の相互の警備をめぐっての話が「集団的自衛権」の話。「集団安全保障」は地域に住む各家が夜盗を働くならず者に対して、武器をもって夜警に参加するかしないかの話。

日の本家と米国家はかっては敵同士であったが、今は大の仲良し兄弟のような隣人同士になっている。米国家は地域の大有力者で、日の本家の警備に全面的支援をするが、米国家は自家に夜盗が入ろうとしても自分で対処するので、（日の本家の助けは）必要ないと約束（日米同盟の片務性）をしており、地域の夜盗対策（集団安全保障）には積極的にかかわっていた。日の本家は米国家との約束を信じて、戸締りだけして、一切の地域の道路整備（ＰＫＯ）などにも参加せず、自分の商売だけに励んでいた。

時代が流れ、日の本家は気づけば地域でも一、二を争う金持ちになっていた。さすがの日の本家も地域の道路整備などには出ないと気まずいと思い、最近は出るようになってきた。

近年、日の本家の隣に「中国家」という金満家が現れ、地域の隙間があればどこにでも手を出して権益を拡張するようになってきた。地域の取り決めを無視し、拡張を続けている中国家の出現に対して、長い間夜盗対策の先頭に立って地域の安全に明け暮れていた米国家には疲れが見られ、相対的に米国家は地域の夜警に積極的でなくなっている。代わって日の本家には道路整備だけでなく、夜警への参加の期待が高まってきている。また日の本家は、米国家やその友達家が危機にある時、武器をもって警備に行かないと言ってきたが、自分の家の危機に際しては、どの家も助けてはくれないのが地域の常識であることがようやく分かってきた。また、夜警への不参加は地域の安定に寄与しないことになり、参加しなければ地域の信頼を獲得することもできないことも分かってきた。

米国家やその友達家との二つの家の相互の助け合いを「集団的自衛権」といい、また地域の夜盗に対する夜警への参加を「軍事的措置をともなう集団安全保障措置」と呼び、現在、日の本家の家中で議論中である。日の本家は、米国家との約束である「いざという時は助けてもらうが、(米国家を) 助けることはしないでいいとする」家訓 (憲法) があり、これを破棄するのが一番いいと分かっていながら、家族に慎重な者がおり、破棄しないまでもどこまで家訓を守りながら手助けするか迷っている。

縷々《るる》述べたがイメージできたと思う。
③項目の武力攻撃に至らない侵害、いわゆるグレーゾーン事態に対しては「組織的計画的な武力の行使」かどうか判別がつかない侵害であっても、そのような侵害を排除する自衛隊の必要最小限度の国際法上合法な行動は、憲法上容認されるべき」とし、切れ目のない対応を可能とする法制度について、国際法上許容される範囲で充実させていく必要があるとした。
現在、自衛権の発動として武力の行使を前提としている「防衛出動」は、「武力攻撃」すなわちわが国に対する組織的計画的な武力の行使を前提としている。このことから「武力攻撃」に至らない侵害への対応は、自衛権の行使ではなく、警察比例の原則に従う「警察権」の行使にとど

まることとなっている。

国境離島等に対して、武装工作員等による不意急襲的な上陸や原子力発電所等に対する警察力を超える襲撃等があった場合、自衛隊には平素から警護任務、行動権限がなく、「武力攻撃」と認定されない段階では、防衛出動下の自衛権の発動による対処は困難である（「防衛出動の壁」と称す）。警察権により対処する場合においても、自衛隊に平素の段階からの行動権限はなく、「治安出動下令前の情報収集」「治安出動」の下令までに時間的なギャップがある。したがって、いったん離島等が占領された場合、奪回には大規模・長期間の統合作戦になる恐れがある。また、原子力発電所のようなところでは今回の電源喪失等があった場合、数時間でメルトダウンが始まることから、一刻の猶予も許されないのではないか。

以上、「安保法制懇」は自衛権と警察権の発動に対する「切れ目のない法制度」を充実させていくべきだと提言した。対応の方向性としては、早期の防衛出動下令による抑止、対処の確立を可能とする「早期からの防衛出動下令」を行うとともに、平素の段階から自衛隊に相手の武力行使および主権侵害の程度に応じた武器使用を許容する「領域警備」的な行動権限を付与すべきである。

誤解しないでいただきたいが、警察が行っている警備を自衛隊が肩代わりせよと言っているのでなく、自衛隊についても領域警備の任務と権限を付与してはどうかと言っているのである。特に弾薬や燃料を積載し出船状態にある海上自衛隊や対領空侵犯措置で領域警備の一環を担っている航空自衛隊と違って、陸上自衛隊の場合は、突発的な上陸や襲撃を受けた場合、一九九七年（平成九年）二月三日の下甑《しもこしき》事案のように、武器弾薬不携行のまま「調査・研究」によって対応するか、間に合わないと判断した部隊長が国民を救うためやむをえず、超法規的に武器、弾薬を準備して対応せざるをえない。日本は法治国家であり、現場の部隊長に超法規的行動をさせては絶対にいけない。国家として、現場にしわ寄せがいかない法律体系にしておくべきである。

④のＰＫＯ、在外自国民の保護・救出、国際治安協力等について、安保法制懇は「武力の行使（武器の使用）は憲法九条の禁じる武力の行使にはあたらないと解釈すべきとし、このような活動における武器の使用は（ＰＫＯにおける駆け付け警護や妨害排除を含む）憲法上の制約はないと解釈すべき」とした。そのうえで武器使用基準等、国連における基準に倣った所要の改正を行うべきで、併せていわゆるＰＫＯ参加五原則についても見直しを視野に入れ、検討する必要があるとした。

国連ＰＫＯ、在外自国民の保護・救出、国際治安協力等における現行法制において許容されている武器使用は、同一現場にある自己等防護のための武器使用のみであり、国連ＰＫＯ等において標準的な任務遂行に対する妨害を排除するための武器使用権限はない。したがって、任務遂行型の武器使用権限を付与されていない自衛隊部隊は、現行の参加形態においても他国部隊と別標準によって行動せざるをえず、また将来的に安全確保業務を遂行することも困難になる恐れがある。

ＰＫＯに派遣された部隊長が現地の邦人が危険にさらされた際に、現場に赴き武器を使用して邦人を保護すること（いわゆる「駆け付け警護」）ができないことは、歴代派遣部隊指揮官を悩ませてきたことである。具体的には、現行権限では「自己の管理下に入った者」は武器を使用して防護することは可能だが、例えば、離隔した場所に所在する邦人が危険にさらされた場合には、その保護は現地治安機関が行うべきものとされ、邦人保護を目的として自衛官を派遣し、武器を使用して防護することはできない。これでは何のための自衛隊かと国民に誹《そし》りを受けるだろう。しかしながら、邦人が万一攻撃を受けた場合に、同じ日本人である自衛隊に助けを求めるのは当然のことであり、歴代派遣部隊指揮官は常に本課題について苦悩してきた。また、宿営地などで共同防衛する他国軍を防護できないことは、いわば「同僚を見捨てている」とも捉えられかねず、自衛隊、ひいてはわが国の信頼低下を招きかねない問題である。

以上のように、さまざまな角度から検討された報告書は、今度は政府与党の自民党と公明党によって侃々諤々《かんかんがくがく》の議論が行われた。特に集団的自衛権の議論は自衛権の行使による国家・国民の安全保障を如何にして全うするかという議論等ではなく、特定の行動が個別的自衛権の行使に該当するか、集団的自衛権の行使に該当するか、いかにして自衛権の行使を制限するか、また、いかにして自衛行動の範囲を限定するか、等々の議論に終始した。自国の自衛措置を万全にする法制をどのように確立するかより、自衛権行使に手枷足枷《てかせあしかせ》をはめることに特化した議論ばかりが繰り返されている。喫緊の課題である武力攻撃に至らない侵害への対処、いわゆるグレーゾーン事態対処や国際的な平和協力活動にともなう武器使用、憲法九条の下で許容される自衛の措置等についてはほとんど議論されなかった。

安倍晋三内閣はようやく二〇一四年（平成二十六年）七月一日、従来の憲法解釈を踏襲しつつ、新しい政府見解を決定した。①武力攻撃に至らない侵害への対処、②国際社会への平和と安定への一層の貢献、③憲法九条の下で許容される自衛の措置の三項目について閣議決定を行ったのである。

その内容は「いかなる事態においても国民の命と平和な暮らしを断固として守り抜くとともに、国際協調主義に基づく『積極的平和主義』の下、国際社会の平和と安定にこれまで以上に積極的に貢献するためには、切れ目のない対応を可能とする国内法制を整備しなければならない」としている。これから法整備に入っていくことになるが、閣議決定された中には安保法制懇の報告を尊重したものの、かなり慎重・後退した部分もある。

憲法第九条の下で許容される自衛の措置

今回閣議決定された憲法第九条の下で許容される自衛の措置という項目は、集団的自衛権の行使について見解を述べたものである。国民世論に配慮して安保法制懇の提言よりかなり自制したものになっている。

その内容は「我が国に対する武力攻撃が発生したのみならず、我が国と密接な関係のある他国に対する武力攻撃が発生し、これにより、①我が国の存立が脅かされ、国民の生命、自由、及び幸福追求の権利が根底から覆される明白な危険がある場合において、②これを排除し，我が国の存立を全うし、国民を守るために他に適当な手段がないときに、③必要最小限度の実力を行使することは、従来の政府見解の基本的論理に基づく自衛のための措置として、憲法上許容されると考えるべきであると判断するに至った」とした。

「憲法上許される武力の行使」は、国際法上は集団的自衛権が根拠となる場合がある。この「武力の行使」には、他国に対する武力攻撃が発生した場合を契機とするものが含まれるが、憲法上はあくまで「我が国の存立を全うし、国民を守るため、すなわち、我が国を防衛するためのやむをえない自衛の措置として初めて許容されるものである」としている。これは、自衛の措置としての①〜③までの「武力行使」の新三要件を定め、限定的ではあるが、長年の懸案であった集団的自衛権の行使を容認したもので大きな意義を有している。ただし、要件①の解釈をめぐり、より厳格な条件としたことで新たな足枷になるのではと懸念が残る決定であった。安保法制懇では「その事態が我が国の安全に重大な影響を及ぼす可能性がある時には」としていたが、この新たな要件は厳しく、解釈次第によっては、現場の行動が制約される恐れがある。

安倍内閣は集団的自衛権の行使を憲法解釈の変更で対処したが、いつまでも憲法改正という根本的な手術をしないでいれば、必ず対処できない事態が起こる。これは断言できる。そうなれば堂々巡りのように「超法規問題」が噴出するだろう。

新解釈では、少なくとも日本列島周辺の事態には対処できる。防衛省・自衛隊のHP「日米防衛協力のための指針Q＆A」は《「周辺事態」が発生し得る地域を地理的に一概に画することはできません》と説明しているが、原油の多くを中東から輸入している日本は、アラブ、東南アジアから日本へのシーレーンが脅かされたときにどうするのか。「周辺地域とは地理的概念ではない」「日本の平和と安全に重要な影響を与える場合」との説明で、マラッカ海峡などでの集団的自衛権の行使を国民合意できるのかどうか、私は心配である。

「機雷掃討」「タンカー護衛」「海賊対処」等の議論もなされているが、細目の議論を聞いていると甲論乙駁《こうろんおつばく》、ますますわけが分からなくなってくる。今回の閣議決定の中でも集団安全保障措置への参加については、「後方支援」や「機雷掃海」等について閣議決定では明確にしなかった。この点はせめて明確にしておくべきだったが、今後の政府与党との調整に期待する。

また安倍内閣は、「明確な危険」の判断材料として、①攻撃国の意思、能力、②事態の発生場所、③事態の規模、態様、推移、④日本に戦禍が及ぶ蓋然性《がいぜんせい》、⑤国民が被る犠牲の深刻性の五要素を挙げている。

この「明白な危険」は、どの時点で判断するのだろうか。実際には「銃撃された」「ミサイルが打ち込まれた」あとにしか「明白な危険」を認定できないのではないだろうか。つまり、「先にこちらが殺《や》られること」が「明白な危険」の認定材料となるのではないかと危惧せざるをえない。

実際の戦闘では、敵の行動が演習なのか実戦なのかの判断もつきにくい場合もある。有事の時には「明白な危険」があってから動いても遅いのだ。敵が何らかの準備をした時点で「明白な危険の恐れ」を感じ、「明白な危険」と判断してしかるべき対処を命ずる体制を作るべきだろう。

現憲法下でわが国の安全保障を全うするために、憲法解釈の変更を試みた安倍内閣の閣議決定であったが、これが解釈の容認の限界なのであろう。この閣議決定にともなう法律の整備を行っているが、たとえ法律の整備がなされたとしても、まだまだ自衛隊の運用上の課題は残る。それには自衛隊を国防軍として明確に位置づける憲法の改正まで待たねばならない。それまで時代がわが国を待っていてくれるかどうか、国民一人ひとりが真剣に考えていただきたい。

国際的な平和協力活動にともなう武器使用

国連ＰＫＯについては、「国際連合平和維持活動などの武力の行使をともなわない国際的な平和協力活動におけるいわゆる『駆け付け警護』にともなう武器使用および『任務遂行のための武器使用』のほか、領域国の同意に基づく邦人救出などの武力の行使をともなわない警察的な活動ができるよう、以下の考えを基本として法整備を進めることとする」とした。また、「自衛隊の部隊が領域国の同意に基づき、当該領域国における邦人救出などの武力の行使をともなわない警察的な活動を行う場合には、領域国政府の同意がおよぶ範囲で活動することは当然であり、これは、その範囲においては、国家に準ずる組織が存在しないということを意味する」とした。なお、「これらの活動における武器使用については、警察比例の原則に類似した厳格な比例原則が働くという内在的制約がある」とした。

長年の懸案であったＰＫＯ等における武器使用等について、内在的制約があるとするも、法整備を行うという決定がなされたこと、および紛争当事国の受け入れ合意が安定的に維持できるか不透明な部分があるものの、「安全確保業務」を可能にしたことは、自衛隊が海外において国際標準に基づき行動できることを意味し高く評価できる。

新しい政府見解でこうしたケースでの邦人救助は可能となる。ただし、アルジェリア事案のようなケースの場合、邦人救出には「武器の使用」を必要とする可能性が高く、真の意味の邦人等の保護、救出が可能かどうかは不透明である。

陸上自衛隊は「イラク特措法」（イラクにおける人道復興支援活動及び安全確保支援活動の実施に関する特別措置法）に基づき、二〇〇四年（平成十六年）一月〜二〇〇六年（平成十八年）七月末日まで「人道復興支援活動と安全確保支援活動」を行った。現地での主な活動は「非戦闘地域」での「給水」「医療支援」「学校・道路の補修」だったが、延べ五百人の陸上自衛隊員がサマーワでオーストラリア軍と同じ地域に駐屯した。その時、オーストラリア軍から「いざというときは、おまえ達は支援してくれるのか」と質問されても、「いや、自衛隊はできない」と答えるしかなかった。今後はそのことも可能になるだろう。

同盟国軍や現地で協力して任務を遂行中の他国軍も支援できない武装集団とはいったい何なのだろう。これでは自衛隊の存在自体が無意味になってしまう。武器使用に関しても「警察官職務執行法」が準用されるため、海外の戦闘地域でも緊急避難、正当防衛の場合に限定されている。しかし、今回の閣議決定において、任務遂行のための武器使用が可能となり、国際標準に基づき行動できることになる。

一九九七年（平成九年）に改定されたガイドライン（日米防衛協力のための指針）は、①平時、

②日本有事、③周辺事態の三分野の事態に応じて米軍との協力事項を定めているが、二〇一四年十月に発表された新ガイドライン（中間報告）では、「周辺事態」を削除した。つまり、日本周辺という地理的制約を外し、「平時から緊急事態までのいかなる段階においても、切れ目のない形（シームレス）で、日本の安全が損なわれることを防ぐための措置をとる」と一歩前進している。

さらに、尖閣諸島等の離島防衛を念頭に置き、有事に至らなくても、警察権だけでは対応できない「グレーゾーン」事態でも自衛隊と米軍が緊密に連携して切れ目のない対応をする「迅速で力強い」新たな協力を構築する方針を打ち出した。自衛隊の対米協力に関しても、平時にも米軍の艦艇を防護することができる「装備品等の防護」や、ホルムズ海峡での機雷掃海や海賊対策を念頭においた「海洋安全保障」「地域・グローバルな平和と安全のための協力」といった項目も新設、国際的テロ等を想定し、米軍や多国籍軍を支援する「平和維持活動」や、部隊の輸送や補給を含む「後方支援」等の具体的協力体制を確立しようとしている。

旧ガイドラインでは、朝鮮半島有事となっても、自衛隊は在日米軍基地の警備ぐらいしかできない。米軍への武器、物資の補給である兵站もできない。それに比べると新ガイドラインの中間報告は多少前進したが、従来の「やってはいけない」ことが少し緩和されるだけで、まだまだ十分とは言えない。

「軍隊はほうっておくと膨張する」という戦前の旧日本軍に対する反省から、戦後、国民の軍隊に対する考えは「戦争＝軍隊＝悪」と単純化されてしまった。戦前の軍部独走への反省からしてやむをえなかったとは思うが、戦後七十年、今どき、「陸上自衛隊に力を持たせると戦前の陸軍のように暴走する」と本気で考えている人はいないであろう。

したがって、戦後一貫して、軍隊をコントロールするシビリアンコントロール（文民統制）として「軍隊からの国民の安全」という面だけがクローズアップされてきたように思う。もちろんそれ自体は正しいし、私は否定しないが、シビリアンコントロールの目的と狙いにはもう一面「軍隊による国民の安全」という意味がある。

そして、成熟した先進国では、「軍隊からの国民の安全」よりも「軍隊による国民の安全」という観点から、軍隊を国家の身の丈と特性（地政学的特性、政治・経済・社会的特性）に合った質と規模にするための役割として、シビリアンコントロールが重視されているのだ。

集団的自衛権に対する新しい政府見解を受けて、集団的自衛権を行使するためには、多くの法改正が必要となる。例えば、防衛省設置法、自衛隊法、武力攻撃事態法、国民保護法、周辺事態法、PKO協力法、海賊対処法、船舶検査活動法、米軍行動円滑化法、国家安全保障会議（NSC）創設関連法等だ。いくら閣議決定しようが、自衛隊の行動を規定する法律を変えなければ自衛隊を動かすことはできない。

今後の防衛力整備計画を立てるうえでも、現行法制上存在するさまざまなグレーゾーンの存在は大きな障害だ。私は陸幕長として、クビを覚悟して災害出動命令が出る前に部隊を動かしたが、災害派遣でも防衛出動でもこうしたグレーゾーンをなくし、即動できる法制と権限をはっきりさせなければ、この先起きるであろう大災害や有事といった国家の危機的事態に対して、迅速かつ的確な対応が困難になる。

不十分なグレーゾーン対策

まず喫緊の課題である武力攻撃に至らない侵害（いわゆるグレーゾーンの事態）に対する閣議決定の要旨だが、「治安出動や海上における警備行動を発令するための関係規定適用関係についてあらかじめ十分に検討し、関係機関において共通の認識を確立しておくとともに、手続きを経ている間に、不法行為による被害が拡大することのないよう、状況に応じた早期の下令や手続きの迅速化の方策について具体的に検討することとなる」としている。

どのような方向性になるかはいまだ不透明であるが、法律を改正するとは一行も触れておらず、関係機関同士の下令や手続きを迅速化すること、即ち運用でカバーするのではないかと思われる。これによって適時性は何とか確保されるものの、法律を変えない前提ならば、自衛隊に与えられる権限は不透明であり、対応が懸念される。安保法制懇が提言した内容とはかなりかけ離れた内容となっている。繰り返すが「領域警備法」的法律を制定し、平素から自衛隊に「主権侵害の程度に応じて必要性と均衡性を慎重に考慮した限定された自衛権の行使もしくは領域警備の執行活動を許容する権限」を付与することが必要ではないかと思料する。そうしなければ、陸上自衛隊はグレーゾーン事態に十分に対応できなくなる恐れがある。

また、警護出動を命ぜられた自衛隊の武器使用基準も、平時ならば、現行の警察官職務執行法（第七条）を準用した警察権の行使のレベルでよいだろう。また、防衛出動命令が出た場合は自衛権の行使ができるが、どのレベルの有事だったら「警察権行使」の範囲なのか、どのレベルの有事だったら「自衛権の行使」を可とするのか、判明しにくいケースが必ず発生する。それをグレーゾーンというのだが、想定できるケースがあまりにも多すぎる。右から左までグレーゾーンばかりなのだ。

例えば、わが国の領土である尖閣諸島に武装した民兵を乗せた漁船が上陸して占拠した場合――領土侵略行為を放置しておくわけにはいかない。まず、「警察権の範囲」として海上保安庁の巡視船が対処するが、海上保安庁には民兵と戦える武器も態勢もない。海上保安庁の職員が射殺されたり巡視艇が撃沈されるかもしれない。海上保安庁が対処できない事態になると、次のステップは海上自衛隊による「海上警備行動」である。陸上自衛隊の場合は、「治安出動下令前の情報収集」もしくは「治安出動」の下令を待たねばならない。治安出動より敷居が低いと考えられる「治安出動下令前の情報収集」でも、防衛大臣が下令するには国家公安委員長との協議、総理の承認が必要であり、時間的なギャップが生じる恐れが大きいうえ、武器の使用も自己保存型の武器使用の権限しか付与されていない。治安出動の下令はさらに手続き上時間を要し、不意急襲的な上陸があった場合、自衛隊によるタイムリーな対応は困難である。武器・弾薬・ミサイルを船体、航空機に搭載している海・空自衛隊は平素からの立ち上げが直ちにできると考えられるが、陸上自衛隊の場合、武器・弾薬の携行、使用の権限は平素から付与されておらず、警察権で対応する何らかの行動が発令されて初めて可能となる。統合運用を前提とした場合、陸上自衛隊のみ対応が遅れる可能性がある。これが現場の部隊長の悩みだ。

グレーゾーン事態の現行法制には、代表的な行動として、治安出動下令以前に行う情報収集、海上警備行動、警護出動、治安出動などがあるが、いずれも警察権の範疇であり、法制上タイムリーにできても権限に大きな制限があり、事態に照らして必要な権限を与えようとすれば、対応の迅速性という観点から大きな欠陥が存在している。今回の閣議決定で、事態に照らして隙間のないタイムリーな対応を可能とするような法律の整備を期待したが、手続きの迅速化で補うようだ。残念である。

戦争を覚悟する事態とは

このような考えもある。グレーゾーン事態において、自衛隊は中途半端な形で出るべきではない。自衛隊が出るのはあくまで防衛出動であり、警察権の発揮の段階で自衛隊が出動すると、敵の民兵は「日本の軍隊が来た」という認識で海保に対する攻撃と異なった攻撃を仕掛けてくる可能性がある。実は、敵の本当の狙いは「日本の軍隊（自衛隊）を出動させれば自分たちも軍を出動させる口実ができる。狙いは尖閣ではなく沖縄本島」というシナリオかもしれない。「治安出動」だろうが「防衛出動」だろうが、それは日本国内の法的解釈であって、外国から見れば「軍隊が出動した」ことに変わりがない。自衛隊は武力事態と認定されて初めて防衛出動が下令される。タイムリーな自衛隊の対応を求めるのでなく、海上保安庁、警察でできるだけ対応してもらい、どうしても対応が困難である場合防衛出動を下令、やむをえず自衛力を発揮して対応すべきだ。このほうが現場としてはすっきりする。ただし、離島占領など既成事実化された状況で自衛隊が出れば、戦争ということになる。政治家も国民もそのことを覚悟しなければならない。中国が南沙諸島を武力で占拠している「既成事実化された状況」を見れば、領土を占拠された国がこれを奪還するには相当の覚悟（戦争）をしなければならないだろう。

そう考えていくと、現行の法体制で対処できるわけがない。読者はお気づきだろうが、せめて武器の使用ぐらいは法律の上できちんと規定しておかねば、国の主権も国民の安全と平和も守ることはできない。いや、一人の自衛隊員の命さえ守ることはできない。

警察権発動と自衛権発動の間には大きな壁がある。今回の二五大綱（平成二十六年度以降に係る防衛計画の大綱＝平成二十五年十二月十七日、国家安全保障会議決定、閣議決定）では、「警察権と自衛権の壁を考慮してスムーズに対処できるようにする」としている。対処するには法律の改正が必要だが、大綱にはそこまで具体的には書かれていない。

二〇一三年（平成二十五年）一月、中国海軍の艦船が海上自衛隊の護衛艦に火器管制レーダーを照射する事案が発生したことはご記憶だろう。政府の公式答弁は「レーダー照射に対して自衛権を発動できる」とのことだったが、実際に部隊が具体的にどう動くかという明確なルールは全く定められていない。自衛隊には、あくまで警察官職務執行法第七条に規定された「正当防衛」「緊急避難」以外には、基本的には武器使用は認められていないのだ。

外国の軍隊は平時も有事もなく、出動したときは武器使用のルールを定めた「交戦規則」（ROE＝Rules of Engagement ＝自衛隊では「部隊行動基準」と訳している）で対処する。いきなり人を撃ったりしないが、段階を追って応戦、排除のルールを決めている。

自衛隊も二〇〇〇年（平成十二年）に「部隊行動基準の作成等に関する訓令」（平成十二年防

衛庁訓令第91号）が制定され、部隊行動基準が作成されるようになった。

少しずつではあるが、ずっと放ったらかされていた有事の際の法整備（有事立法）に向けて進み始めていることは確かだ。しかし、その動きは亀のごとく。憲法改正まで待っていては自衛隊員の中から無用な犠牲者が出る心配がある。

ROE見直しを

交戦規定であるROE（軍隊や警察がいつ、どこで、いかなる相手に、どのような武器を使用するかを定めた規定。自衛隊では「部隊行動基準」と称している）については、より明確にしてほしい。

繰り返すが、自衛隊は法律によって動く組織である。しっかりした法体系で規定されれば、海外における現地行動も自ずと明確になる。国内外での訓練もまた明確になる。現行法制度では治安出動、警護出動など警察権を発揮して国内で対応する武器の使用と、PKO等で海外に派遣された場合の武器使用の権限がそれぞれ異なり、特に一隊員までの徹底が必要な陸上自衛隊の場合、ROEをそれぞれ別々に設けなければならず、訓練が非常に複雑になり現場の部隊長が頭を悩ますことになる。平時から防衛出動時の武器使用の権限を付与しておき、事態に照らした武器使用をＲＯＥで律する法律体系に改めていくべきである。本来防衛法制をはじめとする危機管理法制全般はポジティブリスト（根拠規定）ではなく、ネガティブリスト（禁止規定）で規定されるべきである。

当たり前のことだが、海外派遣された場合でも、自衛隊は現行憲法の解釈の基で動く。だが、外国の軍隊は国内法よりも国際法を基に動いているのだ。ナショナル・ルールよりローカル・ルールが優先されるゴルフとは正反対に、軍事の世界ではローカル・ルールよりインターナショナル・ルールが優先される。しかし、自衛隊だけは異質な存在で、憲法解釈の制約のために他国の軍隊と同じような行動がとれない。同盟国の米国は共同訓練なども行っているので自衛隊の立場をよく理解してくれているが、他の多国籍軍からは「えっ？」「なぜ？」と疑問をぶつけられる。日本の常識は世界の常識ではないのだ。

外国人から見れば、自衛隊は服装も装備も軍隊そのものだ。軍隊はジュネーブ条約（戦時国際法としての傷病者および捕虜の待遇等を定めた条約）に基づいて動いているが、最後の戦闘場面の武器使用になると、自衛隊は憲法第九条およびその解釈の範囲で、他国とは違うオペレーションをとらなければならない。このことはとても理解されないし、集団安全保障を担う多国籍軍の一員として認められる存在にはならないのである。

国民の皆さんも、こうした矛盾や問題点があることを理解してほしい。海外派遣される自衛官の命を案じてくれることはありがたいが、自衛隊は戦争をしに行くわけではないし、まして、他国を侵略しに行くわけではない。現地の治安維持や人道支援のために汗を流しに行くのである。

国連安全保障理事会決議等による集団安全保障措置への参加は国際社会の責務と考えるべきで、仮に派遣される場合は、国際社会における共通の利益を妨害する共通の国または国に準ずる組織に対して、制裁としての軍事作戦に参加することであり、決して侵略ではない。この度の閣議決定の中で、集団安全保障措置への参加について、安倍総理が六月九日の参議院決算委員会で「自衛隊が武力行使を目的として湾岸戦争やイラク戦争での戦闘に参加することはない」と明言したが、現在のままの法体系での武器使用では参加できないし、自衛隊は能力はあるものの、各国との作戦遂行において足手まといになるだけだ。憲法を改正せず、公明党に配慮した与党との調整の結果、集団的自衛権の限定的容認に踏み切った今回の閣議決定だけにやむをえないといえようが、国際社会からわが国に対して、集団安全保障措置への参加の要請が必ず来ることが予想される。この時、あくまで拒否を貫くのか、あるいは国際社会に貢献するかの判断を迫られる。こうした状況になる日が近いと私は思っている。拒否すれば国際社会の期待が失望に変わり、わが国は国際社会では信用を失墜することになりかねない。そのことを危惧している。国民にその覚悟が問われる日も近いと思われる。

海外派遣が常態化される中で、自衛隊ＯＢ、元陸幕長として思うことは「隊員に手枷足枷の中で死なせてくれるな」ということ。そして、隊員に「殺人者」の汚名を着せてくれるなということだ。それと「仮に犠牲者が出た場合、彼らの死に対し国家としての手厚い処遇と名誉を与えてやってほしい」ということだ。

国際平和協力業務に従事する自衛官は、「正当防衛又は緊急避難の要件に該当する場合のほか、人に危害を与えてはならない」と規定されているので（国際平和協力法第二十四条）、自衛官が相手より先に発砲するケースは想定しにくい。となると、敵に銃撃されて殺されるかもしれない。そのリスクは大きく、海外派遣された部隊長には「危ないと思ったら、大きな声で危ない！と叫べ」と言ってきた。隊員の命を守ることも部隊長の重要な仕事だからである。

隊員の命は守らねばならない。といって隊員に「殺人者」の汚名は着せたくない。そんな生死がかかっている状況の中で、武器使用に細心の注意を払わなくてはならない現地の部隊長・隊員の苦しみは相当なものであることを理解してほしい。政治の世界では「派遣できる」とか「できない」とか、「武器使用がどうの」と議論されているが、毎日、こんな苦悩の中で任務を果たしている隊員がいることを理解していただきたい。

そしてもう一つ。安倍晋三総理は集団安全保障に際して、安全保障懇談会で「イラク、アフガニスタンなどには自衛隊を出さない」と明言しているが、これでいいのかな？という疑問が残る。憲法解釈を変えてまで集団的自衛権の行使についてガイドラインを設けたのに、ある特定の紛争地域には出動しないというのはどうなのか。行く、行かないは時の状況で決めればよい。「行かない」と枠をはめるのではなく、「行くことができる」ということは担保しておいたほうがよいのではないか。使えるカードは常に持っておくべきで、いざ各国と共同で出動という時に派遣できないことになる。

また、グレーゾーンだった在外邦人の救出を「できる」としているが、この「救出」の意味は、武力行使をともなわない警察的な行動を前提としており、真の意味の「救出」ではない。武器使用が限定された中で自衛隊に「救出」を命じられても、それは不可能に近い。また、わが国は救出作戦ができるような条件を整えてこなかった。国家としての情報収集体制、自衛隊に対する法整備、装備、訓練に至るまで、国家も自衛隊も、救出作戦ができる環境は整備されていない。今の自衛隊では、戦争状態下の他国から在留邦人を安全かつ確実に救出することは正直言って不可能だ。海外邦人の救出はできるとした閣議決定だが、真の意味での救出にはならないということを理解しておいてほしい。

今後もアルジェリア事案、イスラム国人質事案のような国際テロは頻発する可能性があるだろう。この時、国家として国民の救出作戦ができるように体制を整えていくようにすべきである。長い年月がかかると思うが、自衛隊にそれなりの権限と任務を与えれば、必ず遂行できるようになると確信している。安倍内閣が安全保障について前向きに取り組んでいることは大変評価するが、現行憲法の解釈をめぐり、ギリギリの選択をしても、自衛隊を運用するにあたってはさまざまな法制上の課題があることをご理解いただきたい。

憲法を改正して自衛隊を国軍に

安倍内閣として国家、国民を守り抜くとの決意のもと、集団的自衛権の一部容認に踏み切ったが、憲法の解釈変更には限界があることが分かってきた。今後、国家国民を守り、国際社会で信頼される国家を目指すなら、私はまず、憲法改正と自衛隊の国軍化を提起したい。今日のわが国の防衛にかかわる諸問題の多くの根源は、憲法問題に内在しているからである。高坂正堯《こうさかまさたか》氏の名著『国際政治』の中に、国家は「力の体系」「利益の体系」「価値の体系」が必要とあるが、この力の体系即ち軍・警察などの体系を見直す時期に来ているのではないか。

日本国憲法第九条にはこう書かれている。

日本国民は、正義と秩序を基調とする国際平和を誠実に希求し、国権の発動たる戦争と、武力による威嚇又は武力の行使は、国際紛争を解決する手段としては、永久にこれを放棄する。

2　前項の目的を達するため、陸海空軍その他の戦力は、これを保持しない。国の交戦権は、これを認めない。

「陸海空の戦力は保持しない」「他国との交戦権は認めない」と明確に規定している。では、自衛隊の装備は戦力ではないのか、自衛隊は何のために存在するのか、防衛大学校は何のためにあるのか――防大の憲法講義で学んだが「侵略戦争は否定しているが自衛の戦争は否定しておらず、したがって自衛隊は合憲である」という解釈だ。陸上自衛隊の前身である警察予備隊は軍事力の空白を埋めるため、国家としての手順を踏むことなく設立された。この結果、組織の性格が「警察部隊か軍隊か」論議されることになったのである。

自衛隊は現在も、警察予備隊が設置された時の法体系の延長線上に存立している。しかし、創設時の「警察の予備としての任務」が、時代とともに増加拡大し、憲法やその他法制度上の不備や矛盾が満載されている。これは違法建築同然の建て増しである。どれが本体か、どこが建て増し部分か分からないような形になってしまっている。

自衛隊は法律によって動く存在である。超法規的行動は絶対に避けなければならない。自衛隊＝国防軍に関する法体系をすっきりさせることが第一である。

マッカーサー元帥が吉田首相への書簡で「警察予備隊七万五千の創設と海上保安庁八千の増

員」を指令した時、警察予備隊は「ピストル以上小銃等の武器」を持つ「国内治安対策のための軽装備の警察部隊」という位置づけであった。英語では「Constabulary（警察軍）」と表記された。しかし、朝鮮戦争が中国の参戦によって緊迫化すると、米極東軍は警察予備隊の性格を防衛部隊へと変化させていった。この表層と内実の乖離が、保安隊、自衛隊と名称が変わってもその組織の性格の曖昧さがその後の部隊の育成、教育訓練においてもさまざまな影響を及ぼしている。

その経緯を、防衛研究所が発行する『防衛研究所紀要第八巻第三号』（二〇〇六年三月）では、「朝鮮戦争と警察予備隊 ― 米極東軍が日本の防衛力形成に及ぼした影響について ―」と題してこう論述している。

《……米極東軍第8軍司令部戦史室が編纂した「日本警察予備隊史」序文は「日本における警察予備隊の創設は、歴史的に非常に重要である。なぜなら新しい警察組織は実際には軍隊であったからである」という明確な書き出しで始まっている。（中略）つまり、GHQでは、新しい武装組織は将来の日本軍隊にするという認識はあったものの、警察の形態をとらせるという不符合が生じていたのである。軍事顧問団の参謀長となったフランク・コワルスキー大佐は、後に回想において「軍隊の健全な発展を阻害することに鑑み、マッカーサー元帥は憲法の一部を改正すべきであった」と述べ、再軍備への方針変更に伴って憲法を修正しなかった不作為を指摘している。この警察予備隊の創設にあたっての偽装や性格の曖昧さは、隊員募集やその後の教育訓練においても複雑な影響を与えた……》（脚注略）

米国政府は初めから日本に「軍隊」を作るつもりだったが、日本再軍備への国内外の反対を考慮して「警察」と偽装、そのため軍事用語は使わずに警察用語だけを使い、警察人脈と施設を用いた。しかも憲法を変えないで創設した偽装と曖昧さが、その後ずっと自衛隊にマイナスの影響を与えているという分析である。その通りだろう。前述の比喩でいうと「違法建築同然の建て増し」どころか「初めから違法だった建築物に、違法な建て増しを積み重ねた」のが自衛隊の姿なのである。

三、適切な国防体制のあり方とは

世界情勢で変化していった防衛計画

以上が草創期から今日における自衛隊変遷のあらましであるが、この間、世界情勢の変化に応じて、防衛構想や計画が変化していった。その主な変遷を列挙してみよう。

五一大綱――一九七六年（昭和五十一年）「昭和五十二年度以降に係わる防衛計画の大綱」

- 冷戦期、ベトナム和平調停、米ソの核戦争防止協定――対立はあるが安定した国際情勢
- 限定戦争を対象に自主防衛を目指す
- 陸上自衛隊の定員上限十八万人（陸自は以後漸減、海自、空自は以後漸増）

○七大綱――一九九五年（平成七年）「平成八年度以降に係わる防衛計画の大綱」

- ソ連邦崩壊（一九九一年）による冷戦の終結
- 地域紛争、民族、宗教、資源、領土等に起因する対立が激化、ならず者国家による脅威

●陸上自衛隊「十八万人体制」から「十六万人体制」に縮小、戦車や火砲を約半数に削減、四個の師団を旅団化

一六大綱――二〇〇四年（平成十六年）「平成十七年度以降に係わる防衛計画の大綱」
●米国同時多発テロ（二〇〇一年九月）
●九州南西海域不審船事案等
●非対称戦、テロ、大量破壊兵器の拡散。民族、宗教、資源、領土等に起因する対立
●陸上自衛隊五千人減の十五・五万人、戦車・火砲の削減

こうして見てくると、陸自は発足時に認められた十八万人体制から、これまでずっと削減され続けていることが分かる。逆に海・空自衛隊は定員、装備とも漸増中である。装備も主力火器である戦車や大砲が大幅に削減され、師団は旅団化されて内実がともなわない戦力に低下している。

これは自衛隊の役割として、「新たな脅威と多様な事態への実効的な対応」の蓋然性を重視し、「本格的な侵略事態への備え」をあとにした結果かと思うが、わが国にとって一番致命的になり、影響の大きい事態を生起させないようにする、即ち抑止力を高める防衛力整備を優先すべきである。その事態とは、何と言っても本格侵攻である。陸上自衛隊としては、できる限りこの事態さえ起こさせないようにまず努力を傾注し、万が一本格的侵攻があった場合は、直ちに反撃できる

ようにしておくことこそ、防衛力整備では重要なことである。

蓋然性が高いといって、テロやゲリラに対する防衛力整備を重視していた場合、本格侵攻に対応できなくなる恐れがあることを銘肝しておくべきだ。ちょうど軽量級の選手が重量級の選手との稽古を嫌い軽量級の選手以下の選手ばかりを相手にした稽古を続けていると、軽量級の選手にはある程度通じるが、無差別級の選手には全く通じなくなる理屈と一緒である。陸上自衛隊の規模は小さい。本格侵攻してくる相手は強大である。防衛力整備、教育訓練にあたってはこのことを忘れては何のための自衛隊であろうか。

二二大綱の評価と課題

二〇〇九年三月二十四日、私は第三十二代陸上幕僚長に着任した。

当日登庁したところ、北朝鮮が弾道ミサイルの発射準備が完了しつつあるとの情報を得て、防衛省ではその対応のため、同日付で退官される斉藤統幕長は官邸などとの調整、後任の折木陸幕長は申し受けをしつつまだ陸幕長として行動しており、両幕長とも現職のまま職務を遂行中であった。その間、午前中に皇居で天皇皇后両陛下に「就任御挨拶」の記帳を済ませ、午後浜田靖一防衛大臣から辞令をいただいた。それまでは陸幕長室へもしばらく入ることができず、ようやく夕方、斉藤統幕長を見送ったのち、遅く着任式を済ませ、それから初めて陸幕長としての仕事を開始するなど慌ただしい一日で幕を開けた。

着任後しばらくは情報収集中であったが、四月五日、北朝鮮はミサイルを打ち上げ、さらに五月二十五日に地下核実験、七月四日に再度ミサイル発射、二〇一〇年三月、韓国哨戒艦沈没事案など一連の北朝鮮の活動が活発化している時期であった。

「一六大綱」から五年後の大綱見直しに基づき、着任早々から担当部署から状況報告を受け、陸上自衛隊の課題について把握した。大綱の見直しの基となる防衛省内では、あり方検討会議で議論が始まっていた。わが国を取り巻く安全保障環境の厳しさは、北朝鮮の核実験、弾道ミサイルの発射、特殊部隊の活動など、また中国の海洋進出の懸念、さらにはロシアのわが国への航空活動の活発化など、一段と厳しいものがあるというのが共通の認識であった。

この見直しを一六大綱で削減された陸上自衛隊の課題克服のチャンスと捉え、私は強い気持ちであり方検討会議に臨んでいった。そのころ議論を通じ、防衛省内では、わが国を取り巻く安全保障環境の厳しさ、特に北朝鮮に対する核、弾道ミサイル、特殊部隊への対応はもちろんであったが、中国の南西方面への進出を考慮すれば、陸・海・空自衛隊を増強することに一定の合意を得ていた。陸上自衛隊としては、縮減し続けている定員〔当時二二年度末の定員は十六・〇万人（常備十五・二万人、即応予備〇・八万人）〕をまずやめて、陸上総隊を編成し、南西地域の体制を増強すべきと考えていた。したがって、将来、〇七大綱時に十六万体制に減らされた定員を十八万人体制に戻したかったが、少なくとも現在の体制から最低限八千人を増やし、十六・八万人を要求していきたいと思っていた。財政事情等を勘案すれば陸上自衛隊として不可能な数字ではないとして防衛部も検討していた。

こうすることによって、今ある部隊をつぶすことなく装備の近代化を図り、新しく南西方面の部隊配置を含む体制を確立し、順調ならば年末の安全保障会議に報告され、「二二大綱」「中期計画」として政府の承認をいただく手筈になっていた（この時点では「二一大綱」と称していた。民主党政権下で「二二大綱」と改められた）。しかし、同年の七月二十一日衆議院が解散、八月三十日衆議院議員選挙の結果、民主党が圧勝し、民主党政権が誕生した。政権交代があり、次期大綱は一年先送りになってしまった。また一からあり方検討会議が再開された。かなりの部分、自民党政権時代に防衛省内で詰まっていた大綱の原案ともなるべきあり方検討だったが、白紙に戻し議論することとなった。そして、政権交代とともに雰囲気ががらりと変わってしまった。

「一六大綱」で陸上自衛隊に対し激しいアゲインストの風が吹き、相当削減されたが、「二一大綱」によりその風が少し弱まるかに見えた大綱議論だった。だが、政権交代にともなって、また逆風になった。防衛省の中の雰囲気も海空は重視するものの陸は絶対に増やせない、予算も増額は認めないという流れになってしまった。

官邸、財務省、防衛省内局、マスコミまでが海・空自衛隊の増強は認めるものの、陸自には厳しい意見を述べていた。陸上自衛隊に対しては当然「一六大綱」時の定員十五・五万人（常備自衛官十四・八万人、即応予備自衛官〇・七万人）以下。財務省などは「十二万人でどうか」とまで言っていた。陸上自衛隊の増強を唱える有識者も数少なかった。

あり方検討会議では、内局の局長などと激しい議論を展開し、罵られもしたが、将来の陸上自衛隊が気掛かりであり、主張を引っ込めるわけにはいかなかった。あまりに頑な主張をやめない私を見かねて、折木統幕長からも電話をいただいたことがあった。「そろそろ大綱もまとめの時機が来ている。官邸の意向は陸自にアゲインストだ。大概のところで妥協しないと陸上自衛隊が無茶苦茶にされる可能性がある」と陸自を心配してのことだった。

政府と防衛省が大綱、中期計画を協議している段階では、安全保障や国際政治に詳しい有名な某大学教授などが中心になり、海空重視のため、陸上自衛隊縮減論を展開、装備品購入費のシェア割りまで変更されてしまった。この教授のしたことは、陸幕長として何とも腹立たしく遺憾な思いであった。それまで素晴らしい実績を残されておられるにもかかわらず、この時のこの教授の行動は極めて不可解であった。

十二月の末に「二二大綱」と「中期計画」が激しい議論の末決定された。情勢認識として大規模戦争の蓋然性は低下し、民族・宗教対立等による地域紛争の継続、領土・主権・経済権益等の対立増加、大量破壊兵器、弾道ミサイルの拡散、同時多発テロ、海賊、宇宙、サイバー、海洋リスク、気候変動等による自然災害が生起すると分析していた。情勢の認識も間違ってはいない。このため、自衛隊の役割を、㈠実効的な抑止および対処、㈡アジア太平洋地域の安全保障環境の一層の安定化、㈢グローバルな安全保障環境の改善の三つとし、「動的防衛力」の構築を目標に掲げ防衛力を整備することとした。時宜に合った役割であり、一定の評価ができる。また　実効的な抑止および対処の項目の中に重視事項として、「周辺海空域の安全確保」「島嶼《とうしょ》部に対する攻撃への対応」「ゲリラや特殊部隊による攻撃への対応」「弾道ミサイル攻撃への対応」「複合事態への対応」「大規模、特殊災害への対応」を盛り込んだのも評価できる。

ただ、この大綱で一番の問題は、自衛隊の体制の中で「冷戦型装備・編成を縮減し、部隊の地理的配置や各自衛隊の運用を適切に見直すこと、予算配分についても縦割りを排除した思い切った見直しを行うこと、本格的な侵略事態への備えについては最小限の専門的知見や技能の維持に必要な範囲に限り保持する」とされたところである。私は案を見て「これは絶対におかしい」と思い訂正するよう内局に要請したが、この案を書き込むことが了承されてしまった。これは陸上自衛隊に対する予算配分の見直し、火砲や戦車といった陸上自衛隊の骨幹戦力を削減していくことを明確化したものであり、極めて厳しい遺憾な内容であった。また、本格侵攻に対する備えについては、最小限の専門的知見や技能の維持のための努力でいいということであり、陸上自衛隊としては由々しきことで、これでは部隊運用のノウハウが維持できなくなるのではと危惧した。

この結果、陸上自衛隊の定員は十五万四千人となり「一六大綱」よりさらに千人減、予算面では陸自の装備品購入費のシェアを一・四四％減らし、海・空自衛隊への付け替え、陸自の主要装備の戦車を六百両から四百両、火砲を六百門から四百門へと削減された。この体制枠で作戦部隊へ人員、主力装備を割り当てると、戦闘の最小単位である戦闘団が編成できなくなる由々しき事態となることが予想された。

「〇七大綱」以来の縮減傾向に歯止めをかけ、陸上総隊を新編し、師団、旅団の作戦部隊の充実、後方兵站部隊の充実を図りつつ、今まで空白地帯であった南西防衛体制の整備にとりかかろうとした私の整備構想は遺憾ながら退けられた。「臍《ほぞ》を噛《か》む」思いと同時に陸幕長として不甲斐ない自分に腹が立ち、部隊・隊員に大変申し訳ない気持ちでいっぱいであった。この時、自分の役割は終わったと、職を辞することを決心した。

東日本震災があり延び延びになっていたが、二〇一一年八月、悔しい思いを残しつつ私は退官した。

二五大綱、中期防の評価と課題

私の退官後の二〇一三年十二月十七日、安倍内閣（第二次）は「二五大綱」と「中期防（中期防衛力整備計画）」を閣議決定した。国家戦略を定め、大綱、中期防を策定し、縮減傾向にあった防衛力を増強に転換し、各国との協力関係を拡大・深化するとの基本方針は高く評価できる。

わが国自身の努力として「統合機動防衛力を整備する」とあるが、新しい概念を使用している点も評価できる。「二二大綱」時には、ISR（情報収集・警戒監視・偵察）活動偏重であったが、「部隊配置」と「機動展開」を入れ、対処体制の充実を図っているのもかなり改善されている。また、防衛力の「質」「量」を必要かつ十分に確保する考えは、所要防衛力構想への転換であり評価する。ただし、陸自の体制のみ「より一層の合理化、効率化」を求めており、「総合的防衛体制」「統合的な防衛力」の考えと矛盾する。それぞれのコンポーネントが充実して統合の実が上がる。

周辺事態、島嶼部に対する攻撃への対応について、「侵略を阻止・排除」し、侵略があった場合、「奪回する」と明示があったのは大変評価する。ただし「複合事態への対応」を島嶼部に対する攻撃・弾道ミサイル攻撃への対応の中に併せて記述しているが、侵略にともなう併行事態は、弾道ミサイル、巡航ミサイルのみでなく、特殊部隊の攻撃や本土の他正面への攻撃等、さまざまなケースがあり、これらは別個に検討すべきである。また、能力評価をして体制整備の重視事項を明らかにした手法は評価するものの、例えば陸自の体制を複合事態に能力評価した場合、二五大綱水準では明らかに不足するはず。何も記述していないところはあえて避けているのではないかと思う。

「海上優勢・航空優勢の防衛力整備を優先」し、「後方支援基盤の確立」に配慮しながら「機動展開能力の整備」も重視するとあるが、各コンポーネントの優先事項であり、一定の理解をする。ただ、陸上自衛隊に関しては、「冷戦下に想定された侵略事態への備えは最小限の専門的知見や技能の維持・継承に限り保持する」とし、「より一層の合理化効率化を図る」とあるのは、民主党政権時策定された「二二大綱」と同様の考えであり、「二五大綱」の最大の問題点である。

これは防衛力を増強する考え方とも矛盾する。島嶼部の攻撃は本格的侵攻を含み考慮しておくべきものである。島嶼部といっても尖閣諸島のような無人島と石垣、宮古、沖縄本島など有人島では対処の仕方が異なる。有人島への侵攻はいわゆる本格侵攻ではないのか。一度本格的侵攻対処の専門的知見を失ってしまったら、簡単には取り戻せない。陸上自衛隊が本格的対処の態勢を失うことは抑止力の低下につながり、この部分は速やかに見直すべきだ。このままだと陸上自衛隊の行く末が案じられる。しかしながら、指揮統制について陸上自衛隊の方面管区制を維持しつつ、各方面隊を束ねる統一司令部の設置が盛り込まれたことは大いに歓迎する。大震災を経験した陸幕長として、ぜひ各方面隊を束ねる組織の新編がなされることを期待したい。

陸上自衛隊の体制の中で、機動師団、機動旅団、水陸機動団を新・改編して保持することは意義がある。また空白になっていた島嶼部の部隊配置をすることも大いに評価する。

島嶼防衛で侵略を阻止・排除し、侵略があった場合、奪回のための部隊を準備しておくことは大変意義があり、今まで必要性を叫んできたが、ようやく実現の運びになり評価したい。しかし、機動運用を基本とする部隊以外の戦車、火砲の削減は戦力の大幅ダウンになる。大綱別表欄外の「注」ではあるが、現有戦車七百両を三百両に、火砲六百両を三百両にすると書き込み削減することにしたのは極めて遺憾である。「戦車は北部、西部方面隊のみに集約、長射程の火砲は方面直轄の部隊として保持する」とあるが、現在でも総合近代化師団を除けば普・特・機の協同する連隊戦闘団を構成できない事態になっている。この戦車や火砲の規模では諸職種の専門的知見や技能は維持・継承・練成することが不可能になり、有事の陸上戦闘には不十分な部隊を育成することになる。また、改編により各方面隊の構成部隊が大きな差異を持つことは、方面管区制を放棄することにもなりかねず問題である。方面隊は作戦を主催できなくてはならず、ある程度均質性がなくては方面隊とは言えない。

中期防については陸自の編成定数概ね十五万九千人（うち即応予備自衛官八千人）は前大綱より五千人増で第一段階としては一定の理解をする。ただし現状維持に近く、南西諸島への部隊配置、水陸機動団の新設、機動師団・旅団への改編、陸上総隊の新編等を整備していくためには、既存部隊を廃止、削減しなければならず、骨幹戦力の戦車・火砲の廃止は全体として戦力低下となる。

定数については現状維持以上の見直しが必要である。機動戦闘車の新規導入は機動性を増し喜ばしいことではあるが、運用によっては戦車に近いが戦車ではない。野球チームの四番バッターが戦車なら、機動戦闘車は一番バッターであり、現在の大綱水準の戦車の規模なら、四番バッターのいないチームを作ろうとしているようなものである。また、火砲の削減は火力戦闘の骨幹火力の削減即ち戦力の低下である。戦いは機動と火力が鉄則であり、陸自全体の機動力と火力は不可欠である。

島嶼防衛に関しては地続きでないため、事前配置の際は問題はないが、奪回時の火力が不足することが予測される。現在の火砲が運用に適さないとして、砲を換装する考えならば賛成するが、削減することは問題である。現在の大砲に代わる島嶼防衛にも対応できる長射程のミサイルおよび洋上から支援できる火砲の開発と規模は、維持するよう見直すべきだ。

中期防衛力整備計画の中で一番の問題は所要経費である。経費を二十四兆六千七百億円（平成二十六年度からの五年間合計、プラス二・八％）としたことは一定の評価をする。ただし「七千億円の調達改革費を含む」とあるため、調達改革が未達成の場合、実質は二十三兆九千七百億円（プラス〇・八％）が中期の予算規模である。長期契約の多い海・空装備品に比べて長期契約装備品の少ない陸は割を食ってしまい、必要な装備品が遅れることが予想される。陸自装備品も長期契約が可能なようにまとめ買いができる契約方式に改めてもらいたい。ここでも陸自の装備品調達上に問題がある。

以上、二五大綱までの主に陸上自衛隊の変遷を見てきたが、五一大綱までは定員は十八万人であり、〇七大綱以降十六万人体制となった。平成二十二年度末時十六万であった定員は二五大綱では十五万九千人で下げ止まることになった（※三〇大綱においても変更はない）。一方、実員は〇七大綱以降現在まで約六千八百人を削減しており、海自・空自に比し定員・実員とも著しく削減してきている。陸上自衛隊の戦力は「人」であり、定員の確保、体制枠が拡大しなければ新しい部隊を作れない。また実員の低下は即戦力のダウンであり、装備品の稼働に即影響を及ぼす。

「三〇大綱」「三一中期防」は成立したが…

平成三十年十二月十八日、二五大綱からまだ五年しか経過していないにもかかわらず、「三〇大綱」「三一中期防」が閣議決定された。国際情勢の激変をふまえて、二五大綱に基づく「統合機動防衛力」の方向性を深化させ、宇宙、サイバー、電磁波を含む全ての領域における能力構築と平時から有事までのあらゆる段階に真に実効的な防衛力「多次元統合防衛力」を構築するとした。
　今まで立ち遅れていた新たな分野における防衛力を整備し、既存の体制の中、海・空領域の能力の強化に努めることについては賛成である。しかしながら、陸領域の能力向上について触れていないのは遺憾である。陸自に関しては二五大綱のままで、大枠を変えず配分重点の変更に過ぎない。陸上自衛隊の体制は十五万九千人、象徴的な主力装備の戦車・火砲はそれぞれ約三百両、約三百両／門のままで、新しい領域への人員、資源を増やすためには、陸自の大枠の中でやりくりするしかない。
　作戦にあたって最も必要かつ重要な師団、旅団等は人員・装備を縮小し、二二大綱策定時の作戦基本部隊よりさらに火力・機動力が劣る部隊が創られようとしている。さらなる防衛力増強を謳った三〇大綱においても、陸自だけは実質縮小、弱体化の考えが踏襲されており極めて遺憾である。この状態が継続したならば、陸自から本格侵攻、対着上陸侵攻への備えとなる専門的知見、技能が最小限どころかやがて消失してしまうのではないかと危惧する。（※令和元年十一月追記）
　国の防衛体制は政治を抜きに語れない。軍事に対する政治の優先即ちシビリアンコントロールの原則をしっかりと守っていくことが極めて重要である。制服として専門的見地からの意見は堂々と述べ、最後に政治が決定したことに対しては服従することが軍人の務めであることは論を待たない。それがあるべき政軍関係である。

二三大綱策定にあたって侃侃諤々の議論をし、最後に防衛会議が開催され（平成二十二年十二月）、陸上自衛隊の定員十五万四千人が決定されようとしていた。大臣から「陸幕長、陸自の定員はこれでいかがなものか」と問われ、私はこう答えた。「大臣、この十五万四千人の数字は陸上自衛隊として決して満足できる数字ではありません。しかし、大臣がお決めになったことですので、決定に従って行動いたします」と当然のごとく答えた。個人的には大変遺憾であり、悔しい思いであったが、陸上幕僚長として大臣の決定には従うほかはない。あとはこの範囲の中であらゆる知恵を絞り、努力を重ねて防衛力を漸進的に整備していくほかはないと思った。いったん事態が生起した場合は、現在の与えられた戦力を如何に迅速的確に運用するかが軍人の役割である。運用上の責任は軍にあるが、防衛力の規模を如何にしておくかの最終責任は政治にある。政と軍の関係はかくあらねばと思っている。それが防人としての私の信念でもある。

前述の吉田茂元総理の言葉にも支えられたが、「自由フランス軍」を率いてナチス・ドイツからパリを奪い返し、のちに大統領となったド・ゴールが士官学校の卒業式で訓示した言葉も、軍人のあるべき姿を示した含蓄のある名言だ。

「軍職に就く者は悲惨な戦争を戦う勇気とともに長い平和に耐える勇気が必要だ」

「平和が続く中、戦争に備え続ける忍耐が必要だ」

これは、軍人はいったん戦争になれば国家のために戦う勇気の必要性を説いたものであると同時に、戦争が終わり平和が訪れ、それが長く続く場合、国民は軍人に対して冷やかな態度をとることが多い。非難や誹謗を浴びせることもあるだろう。その時こそ軍人はこれに耐える勇気を持っておくようにしておくべきだ。軍人が心得ておくべきことは、国民が平和な時ほど、戦争への備えを怠るなということを諭したものだと思う。私は「治に居て乱を忘れず」「戦い好まば国滅び、戦い忘れなば国危うし」と、自衛官人生の生涯の戒めの言葉としてきた。

軍隊および軍人は、そういう存在でいいのではないかと思う。先輩達、例えば第二十三代陸幕長を務めた冨澤暉《とみざわひかる》さん（防大四期卒）からはフリードリヒ・フォン・シラーの詩を引用した「大いなる精神は静かに忍耐する」ということを教わった。わが国の最高の力を持つ武装組織は常に謙虚に行動し、黙々と努力を積み重ね、いったん危急の時、真に役立つ実力を発揮できるような武装組織を作ることがわれわれの役目だということではないかと思う。

私の認識では、言いたいことは山ほどあったが影響が大きすぎるので自重し、手を打てることから少しずつやっていこうということで今日まで来たと思う。

その背景には、例の栗栖弘臣第十二代陸幕長（終戦時は海軍法務大尉で戦後、警察予備隊に入隊）が統合幕僚会議議長（統合幕僚長の前身）だった時の「超法規発言」も影響しているかと思う。栗栖氏は雑誌『週刊ポスト』で、「現行の自衛隊法には穴があり、奇襲侵略を受けた場合、首相の防衛出動命令が出るまで動けない。第一線部隊指揮官が超法規的行動に出ることはありえる」と有事法制の早期整備を促したが、当時の金丸信防衛庁長官によって事実上解任された。

例えば、私が現役時代、突出した発言をすれば時計のネジが巻き戻され、「自衛隊は旧軍のようなものだ」といった負のイメージが定着してしまう。せっかく先輩達が長年、コツコツと苦心して積み重ねてきた信頼が台無しになってしまう。だから私は、後輩達にも「耐え忍べ。先輩達はそうして今日まで築いてきたんだ」と言ってきた。後輩達もこのことはだいたい分かってくれていたと思う。

しかし自衛官を退職した人達には、「後輩達のためにどんどん発信してくれ」とも言っている。後輩達が仕事をしやすい環境にしていくのは先輩の役割である。もちろん、退官したから何でも言ってよいというわけではない。かつて世間を騒がせた歴史認識などの問題でなく、「国家として国防をどうするのか」という最も大事なテーマについて、自衛隊ＯＢはきちんと意見を発信していくべきである。

国防体制の問題点

私は陸幕長時代、目標となる方針として、防衛力整備、隊務運営の両面から「強靭な陸上自衛隊の創造」を掲げ、わが国の防衛上考慮すべき方面は、北方、西北、南西の三つの方面を基本としてきた。北方はロシア、西北は朝鮮半島、最近重視してきている南西方面は中国である。時代によって軽重に変化はあるが、防人としては常にこの三方面を注視しておかなくてはならない。さらに最近は小笠原方面も考慮していかなくてはならないと思っている。

この四つの正面に安全保障上の事態が生起した場合は、陸・海・空の戦力を集中して対処できるようにしておくのが自衛隊の究極の役割である。海自・空自の増強は心強い限りである。その戦力の中身について門外漢の私が意見を述べることは控えるが、震災時迅速かつ大量の輸送のため陸・海・空自とも機動力の必要性を痛感したことから、海自・空自には、大型高速輸送艦（揚陸艦）やC–17級の大型輸送機の導入を図っていただきたい。また、同盟関係にある米国との絆を「より深めていく」との基本方針はもちろん堅持していくことが必要であるが、今後は米国のリスクを共有できるよう、米国が頼りにする同盟国として、しっかりした自衛隊を保持しておくことがより必要になってくる。

陸上自衛隊に対して、「二五大綱」では、海・空自衛隊は増強され、陸自は定員は下げ止まったものの、戦車六百輌・火砲六百砲が戦車三百輌・火砲三百門に半減する計画だ。新たに定めた三〇大綱についてもそのままの考えが維持されている（※令和元年十一月追記）。

二五大綱で構想されていることは、地域配備師団、旅団を縮小改編し、代わりに「機動師団・

旅団、水陸機動団」を作り、その他の部隊は戦車、火砲を中心として部隊の編成・装備を見直し、効率化、合理化を徹底したうえで、地域の特性に応じて適切に配置するとなっており、平時配置する師団、旅団は大きな火力の削減された部隊を目指すことになる。

これでいいのだろうか。つまり、戦車部隊を航空機に搭載できる機動戦闘車部隊に編成し直したりして、南西方面の防衛を厚くし機動展開しやすい部隊に作り替えることは必要であり、これには賛同するが、震災時、師団と旅団の格差と厚みのない師団の編成、師団間の不均一性からくる融通性、柔軟性に欠ける現有作戦基本部隊の課題を痛感した。人員・装備の詰まった厚みのある作戦基本部隊になるよう見直すべきだ。

地上部隊の役割は、海・空戦力の支援の下、地上部隊が現地に入り、最終的に地上戦闘の決着をもって終了させることだ。イスラム国に対し、欧米諸国は精密誘導兵器や空爆で戦意を喪失させようとしているが、地上部隊の投入をもってしなければ最終的な決《けつ》は望めないだろう。しかしながら、地上部隊の投入は大きなリスクをともなう。犠牲者が出るかもしれない。米国としても地上軍の投入には二の足を踏まざるをえない。わが国の有事の際、同盟国であり米海空軍の来援は直ちに期待できるが、一方で地上軍の投入はかなり政治的なリスクがあり、投入が遅れるか期待できないのではないかと私は思っている。そのためにも、海空自衛隊に支えられた陸上自衛隊という地上部隊をしっかり保持しておく必要がある。陸上自衛隊を投入し、悲惨な戦闘に対する日本の覚悟を見て、米国は来援の決定をするものである。

火砲や戦車を大きく減らして豆鉄砲や竹やりで陸上自衛隊に戦えと言うのだろうか。そんな貧弱な作戦基本部隊を作っていてはわが国の領土は守れない。今ある戦車部隊、戦車および砲門の削減は急ぐべきでない。いずれこの戦車・火砲の削減については見直し、むしろ増強する必要がある。

現存部隊をつぶして新しい部隊を作ることは、とてもリスクがある。スクラップ&ビルドといえば聞こえはいいが、一度つぶしたものを再生せよと言われても、一朝一夕にはできないのが軍隊である。武器や装備を機能的・効率的に動かして作戦を遂行するには、多くの時間をかけて訓練をしていかなくてはならないからだ。

十五個師団二十二万人の陸上自衛隊を目指せ

わが国の平和と独立を守るためには、どのくらいの規模の軍隊が必要かという議論もしっかり尽くさねばならないだろう。国家の身の丈に合った規模と特性を突き詰めて必要な組織と規模を定めるべきだ。

米国の試算によると、米軍の支援がなく、自衛隊だけで国防を担うならば、陸上自衛隊だけで三十二万五千人の軍隊が必要とされている。一九五三年（昭和二十八年）、米国は日本に対し、相互安全保障法（MSA＝Mutual Security Act）に基づく経済援助、武器援助を提案。その条件として「日本が自ら防衛努力を行う」ことが求められ、保安隊が自衛隊と改められた。このMSA交渉が同年十月に行われた池田―ロバートソン会談（池田勇人自民党政調会長＝当時＝後に首相と、ロバートソン国務次官補）だが、この時、ロバートソンが主張した日本の防衛力が三十二万五千人だった。日本側は十八万人を主張、日本の主張が通って翌年MSA協定は調印された経緯がある。

日本側主張の「陸上自衛隊十八万人」に、実は明確な根拠はなかったのだが、現状の定員十六万人では足りないことは事実。かつて、一個師団は二万人規模なので十三師団×二万人で二十六万人、それに兵站とかさまざまなものを加えると三十二万五千人になる。池田―ロバートソン会談には保安庁関係者は誰も同行していない。同行していた大蔵省（現財務省）の担当官が勝手にはじき出した数字だが、実状を反映している数字でもある。ちなみに、時の通訳は宮澤喜一大蔵大臣秘書官（のちに首相）だった。

この十八万人という数字が政治的に陸上自衛隊の定員として定着し、〇七大綱までの三十八年間その体制でやってきたが、〇七大綱以来、今度は十六万体制が約二十年間定着化した。一六大綱、二二大綱、二五大綱と新しい大綱を策定する度に定員・実員の上限の議論ばかりが先行して、

■陸上自衛隊の部隊編成（普通科）

組	＝2〜4人（軽装甲機動車の乗車定員と同じ）
班	＝10人程度（3〜4個の組の集まり）
分隊	＝8〜12人（96式装輪装甲輸送車の定員）
小隊	＝38〜45人（3〜4個の分隊の集まり）
中隊	＝120〜180（3〜4個の小隊の集まり）
大隊	＝100〜300人（大隊長は2等陸佐）
連隊	＝600〜1,000人（中隊3〜4個。長は1等陸佐）
旅団（B）	＝2000〜4,000人（旅団長は陸将補）
師団（D）	＝6,000〜9,000人（師団長は陸将）
中央即応集団（CRF）	＝約4,500人（2007年創設。司令官は陸将）
方面隊	＝2〜4個の師団・旅団からなる（総監は陸将）

財務省との定員・実員の決着をもって陸上自衛隊の将来体制が決まってきた。

表向きには将来の安全保障環境を分析し、不足するあるいは必要な機能を保持するように部隊を新編、改編等してきたが、定員・実員の上限が設定されていることから、実際は作戦基本部隊等の合理化縮小が行われ、結果的に総合戦力は低下してきたと言える。国家の防衛予算を決定するためには概数が必要であり、最終的な説明をするための陸上自衛隊の姿を表すには必要な数字だったかもしれないが、いつの間にかこの数字だけが先行し、肝腎の作戦基本部隊等の内容や必要数は議論されず、主として財政的理由で将来の陸上防衛力が決まっていったことは否めない。つまり定員・実員の規模が先に決まり、あとからそれに合わせるように師団、旅団等の作戦基本部隊や特殊な機能を保持する部隊等の新編、改編をしてきた。

これからわが国を取り巻く安全保障環境がより一層厳しさを増し、防衛を全うするため、および国連や米国をはじめとする友好国からの軍事的措置をともなう集団安全保障への参加が期待される将来を考慮すれば、作戦基本部隊を何個保持し、その作戦基本部隊の規模はわが国ではどの程度必要か、また特殊な機能の部隊をどの程度持つべきかの議論を政治の場ですべきだった。

○七大綱の際の十六万人体制で任務別、地域別編成の作戦基本部隊を編成して以来、さまざまな師団、旅団等作戦基本部隊が編成されてきた。方面隊や師団レベル以上の国土防衛作戦を想定した図上演習等においては、師団と旅団の格差が存在し、また師団の間にも極端な不均一性があることから、柔軟性、融通性に欠ける運用にならざるをえず、戦力発揮に問題があると指摘されてきた。

海上自衛隊には護衛艦部隊、潜水艦部隊、掃海部隊、哨戒機部隊などがあるが、護衛艦隊の中の護衛隊群が陸自の師団・旅団に相当し、護衛隊群の中にある護衛隊が連隊戦闘団と考えていいだろう。そして、護衛隊の骨幹をなす護衛艦を建造する時、主要装備の種類や数が議論になることはないが、陸自の場合、定数の制限、主要装備の制限により、戦車や火砲を制限した作戦基本部隊を作らざるをえない。作戦基本部隊といってはみるものの、定員、主要装備の制限により似て非なる作戦基本部隊ができていることに違和感を持っていた。加えて、それらを支える戦闘支援部隊や兵站部隊を併せたのが真の作戦基本部隊である。

これらの課題を克服するために、私は陸幕長時代から、方面管区制を維持して現在の九個師団・六個旅団体制を十三個師団体制に戻したいと考えていた。定員については十八万人に戻してほしかったが、いきなり持ち出すと激しい拒絶反応が各所からあることが予想されたので、当初からは持ち出さず、作戦基本部隊の充実を唱え、南西防衛の対処の必要性を訴え、腹の中では当時の定員より、八千人上の十六万八千人をまず達成し、次の段階でさらに増強を図るよう考えていた。また必要な戦車、火砲の別表への書き込みをなくすよう申し入れていた。

提案だが、作戦基本部隊を四単位制の師団に戻し、連隊戦闘団が三〜四個編成でき、所要の施設、航空支援等の戦闘支援部隊と、さらに今回大変な苦労をかけた兵站部隊の充実を可能とする一万人〜一万二千人からなる師団作戦部隊を作ってほしい。装備の構成は任務に応じて若干変更してもかまわないが、連隊戦闘団編成だけは三〜四できるようにしておくべきだ。

日本列島を国防上で大きなブロックで分けると十三〜十五に分かれる。日露戦争開始前の陸軍も十三個師団に分けられていた。

皇居警護を主たる任務とする近衛師団をはじめ、第一師団（東京）、第二師団（仙台）、第三師団（名古屋）、第四師団（大阪）、第五師団（広島）、第六師団（熊本）、第七師団（北海道）、第八師団（弘前）、第九師団（金沢）、第十師団（姫路）、第十一師団（善通寺）、第十二師団（久留米）の計十三師団である。
陸上自衛隊も、
第一師団　（東部方面隊、練馬駐屯地）
第二師団　（北部方面隊、旭川駐屯地）
第三師団　（中部方面隊、千僧駐屯地）
第四師団　（西部方面隊、福岡駐屯地）
第五師団　（北部方面隊、帯広駐屯地）
第六師団　（東北方面隊、神町駐屯地）
第七師団　（北部方面隊、東千歳駐屯地）
第八師団　（西部方面隊、北熊本駐屯地）
第九師団　（北部方面隊、青森駐屯地）
第十師団　（中部方面隊、守山駐屯地）
第十一師団（北部方面隊、真駒内駐屯地）
第十二師団（東部方面隊、宗谷原駐屯地）
第十三師団（中部方面隊、海田駐屯地）
の十三個師団体制だった。その師団も二種類あり甲師団（約九千人）と乙師団（約七千人）であった。

それが、順次、第五師団、第十一師団、第十二師団、第十三師団が「旅団」に縮小され、新たに第十四旅団（中部方面隊、善通寺駐屯地）、第十五旅団（西部方面隊、那覇駐屯地）が新編成されて、現在の「九個師団・六個旅団体制」となっている。現在は作戦基本部隊が十五個できており、これを、これから十～二十年かけて全てほぼ均質な師団に格上げすべきである。そして、特殊な任務を遂行するための空挺団、ヘリコプター団、特殊作戦群、特殊武器防護隊の充実は一層図っておくべきである。また、各方面隊の中の空中機動力、直轄の地上火力、施設力など作戦基本部隊を戦闘支援する機能の充実を図っておく必要がある。そうすることによって陸上自衛隊としての部隊運用の柔軟性、融通性が確保できる。夢のような話ではない。今の組織・装備体制のままだと、後輩達が困難に遭遇した時に対応できないことを危惧している。

日本の陸上戦力を十四万人とすると、わが国の人口は一億二千八百五万七千三百五十二人であり、陸上自衛官が一人で九百十四人の国民を支えている（平成二十二年国勢調査の日本の人口）。米国では、陸軍軍人一人で四百八十四人、英国では六百二十七人、フランスでは四百九十八人、ロシアでは四百五十四人、北朝鮮では二十三人、韓国では九十三人、中国では八百三十五人の国民を支えている（諸外国ミリタリーバランス二〇一二による）。したがって、わが国が米国並みの陸軍を保持するとした場合、二十九万人の陸上自衛隊が必要になる。英国では二十二万人、フ

■自衛隊の定員および現員

区分	陸自	海自	空自	統幕等	合計
定員	151,063	45,517	47,097	3,495	247,172
現員	137,850	41,907	42,751	3,204	225,712
充足率（%）	91.3	92.1	90.8	91.7	91.3

区分	非任期制自衛官				任期制自衛官
	幹部	准尉	曹	士	士
定員	45,392	4,914	140,740	6,126	
現員	42,784 (1,974)	4,502 (28)	137,697 (6,905)	20,350 (1,294)	20,379 (2,398)
充足率（%）	94.3	91.6	97.8	72.6	

（注）1　現員の（　）は女子で内数
2　定員は予算定員

（2014年3月31日現在、防衛白書平成26年版より）

ランスでは二十八万人、ロシアでは三十一万人である。

わが国は今や先進国であり、国際協調主義に基づく積極的平和主義の立場から、わが国の安全およびアジア太平洋地域の平和と安定を実現しつつ、国際社会の平和と安定および繁栄の確保に、これまで以上に積極的に寄与していくという国家安全保障の理念を実現するためにも、先進国並みの国防努力をすべき時にきているのではないか。国が四方環海でわが国と似たような国、英国並みに定員二十二万人の陸上自衛隊を保持することは可能であるとともに、そうすべきではないだろうか。

今回の震災では即応予備自衛官、予備自衛官が活躍したが、即自の部隊を含めて定員二十二万人の陸上自衛隊である。今回のような大規模な災害派遣に遭遇したり、海外派遣が頻繁になればなるほど、軍隊は兵站部隊をより充実させておく必要がある。今回の震災では補給統制本部の統制のもと、関東補給処をはじめ、各方面隊の補給処、各後方支援連隊、駐屯地業務隊の隊員達が懸命な働きをして、第一線の災害派遣活動を支えてくれたことを政治家や財務省はもちろん、国民の皆さんにもそのことを知っていただきたい。今回の教訓では作戦基本部隊の充実がまず挙げられるが、大部隊を運用するには兵站支援が極めて重要であった。また今回は被災者の生活支援についても兵站部隊が活躍した。有事を考えると、弾薬、燃料の所要がより大になり兵站部隊の充実は不可欠であり、兵站部隊とその組織も増強しなければならない。

初めて五兆円を超えた概算要求

今日の日本で、国防予算はどれぐらいが適切だろうか。二〇一五年度（平成二十七年度）予算の概算要求は五兆円で、「初めて五兆円を超えた」と注目されたが、医療費は四十兆円、介護費は十兆円で合計五十兆円に上る。防衛費はその十分の一である。「国防は最大の福祉」という言葉があるが、予算の面での実態はこの通りである。

佐藤栄作首相、大平正芳首相等の政策ブレーンで「総合安全保障研究グループ」の幹事だった

■軍事費 支出額・GDP比 国別ランキング（2011年）

【ストックホルム国際平和研究所（SIPRI）】

●世界総額　1,624,506

順位	国	単位百万＄	GDP比
1位	アメリカ	689,591	4.7%
2位	中国	129,272	2.1%
3位	ロシア	64,123	3.9%
4位	フランス	58,244	2.3%
5位	イギリス	57,875	2.6%
6位	日本	54,529	1.0%
7位	サウジ	46,219	10.1%
8位	インド	44,282	2.7%
9位	ドイツ	43,478	1.4%
10位	イタリア	31,946	1.7%

政治学者・高坂正堯氏は生前「一か八か理論」を唱えた。

「今の防衛予算はＧＤＰ（国民総生産）の一％だが、日米安保条約なしで日本が単独で自主防衛しようとすれば、八％必要になる」というのだ。

その伝で言えば、自主防衛のためには五兆円どころか四十兆円が必要になる。その意味からも日米同盟で共同防衛したほうがいい。米国の政策や世界戦略を全面的に支持するわけではないが、財政面でも日米同盟は日本の安全と独立にとって必要不可欠な方策である。

他国の国防に対する国民の負担率でみれば、先進国の一員であるわが国は「せめてＧＤＰの二％弱の八兆円ぐらいは必要だと思うのだがいかがだろうか。

防衛予算は隊員の給与や食事のための「人件・

糧食費」と装備品の修理、整備、油購入、隊員の教育訓練、装備品の調達などのための「物件費」とに大別される。さらに物件費は、過去の年度の契約に基づき支払われる「歳出化経費」とその年度の契約に基づき支払われる「一般物件費」とに分けられる。歳出化経費とは、過去に購入した武器などの分割払い経費である。いわば〝借金返済〟だから削減できない。一方、一般物件費は、装備品の修理や隊員の教育訓練費、油の購入費などが含まれていることから、「活動経費」とも呼ばれる。したがって、予算の削減額は一般物件費の削減に直結するのである。

人員を増やし、装備品、戦車、火砲、誘導弾、航空機等の装備品を購入し、それを使って訓練して抑止力を高めておくことが必要である。そのためには防衛予算を増額していただけなければ、陸上自衛隊は国民の負託に応えることができなくなってしまうと憂慮している。

軍隊は一朝一夕には作れない。装備、訓練、施設、兵站など、広範囲の分野で時間もコストもかかる。ようやく防衛予算が増額されてきたが、一気増額するのでなく少しずつ増額し、時間をかけていけばより強靭な自衛隊ができ上がっていく。毎年五％ずつ防衛関係費を伸ばしていけば十年で八兆円ぐらいは達成できる。その半分でもよい。二・五％でも二十年ぐらいかけていけば達成できると思われる。国防力の整備には時間がかかるが、その地道な整備が不可欠である。政府として、防衛費を今後とも増額し、ぜひ抑止力を向上させる努力に傾注してほしい。陸自の後輩達が自信をもって防衛の任にあたれるようにしていただきたい。

「陸上総隊司令部」創設が急務

第一章で詳述したように、今次の災害派遣では「統合任務部隊を作る。協力してくれ」と折木統幕長から要請された。もちろん賛成であるし、陸海空自衛隊を統合して運用する司令部は必要である。

しかし、参謀本部のような統合司令部を編成するために、各自衛隊から優秀な幕僚を司令部に出すと当然、陸海空の幕僚が手薄になる。したがって優秀な人材の増員を要求することになるが、国の防衛予算の問題もあり実現はなかなか難しい。

また、「統合幕僚会議」が「統合幕僚監部」に改編され、「統合幕僚会議議長」から「統合幕僚長」へ改編された統幕長の位置づけも曖昧《あいまい》だ。「軍政」に時間をとられ、統合司令部のオペレーションの場面にいないのではどうにもならない。統幕創設時にもこの問題が提起されたが、予算その他の問題から現状のようになった経緯がある。

そこで私は、「せめて陸上自衛隊だけでも」と考え、「陸上自衛隊総隊司令部」の創設を提言した。各方面隊はそのまま残し、各方面の部隊を動かす作戦運用統制にかかわることは陸自総隊司令官がやる、という構想だ。

■即応態勢の維持（ファスト・フォース）

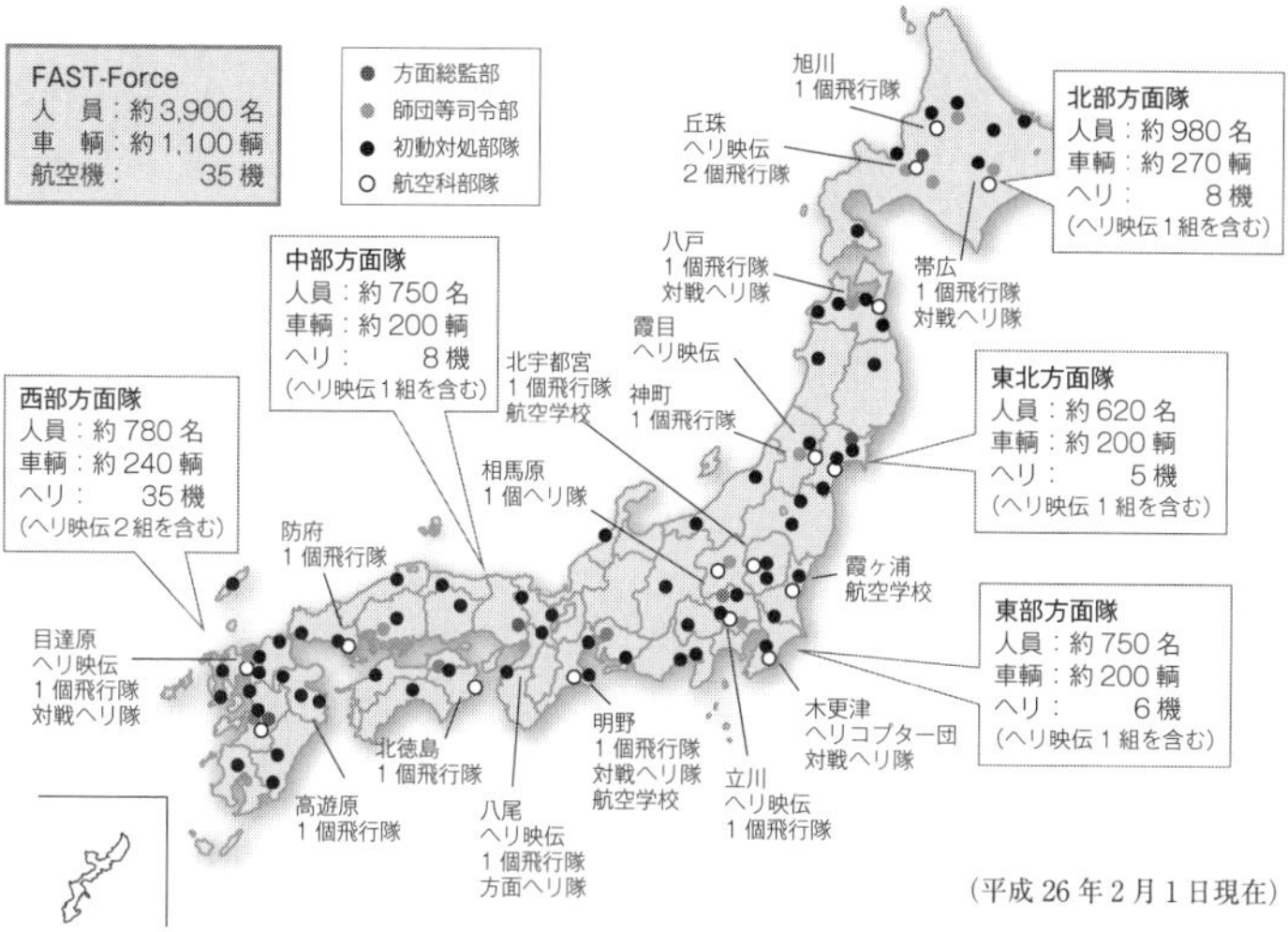

（平成26年2月1日現在）

陸上総隊司令部創設議論の発端は、自民党の麻生太郎内閣時代だった。自民党政務調査会の国防部会が「提言・新防衛計画の大綱について―国家の平和・独立と国民の安全・安心確保のさらなる進展」と題した「二二大綱」への提言を発表、『今後整備すべき防衛力』の陸上自衛隊の項にこう書いている。

①陸自の運用統括機能としての陸上総隊の創設と方面隊の維持

②三正面（北、西北、南西）の抑止・対処能力向上

・基盤となる機能を欠落なく保持した師団・旅団の全国隙のない配置

・配置が十分でない南西諸島の部隊の充実（新たな配置を含む）

③特殊部隊からの政経中枢、重要施設等の防

護能力向上（以下略）

しかし、その直後、八月の第四十五回衆議院選挙で自民党が大敗し政権が交代、民主党・鳩山由紀夫政権が誕生したことで「二二大綱」は一年先送りされた。陸上総隊司令部の設置についてはずいぶん検討されたが、最終的に頓挫した。

海上自衛隊には「自衛艦隊司令官」が、航空自衛隊には「航空総隊司令官」がいる。いずれも海幕長、空幕長に次ぐナンバーツーで、役職は陸自五人の方面総監等と同じ「指定職5号」だ。だが、方面総監が五人いる陸上自衛隊には、陸自全体を動かす一人の司令官もいない。

「二六中期防」で総隊新編を明記

陸自総隊創設に向けては、以前五つの方面隊を四方面隊に再編し、一つを総隊にするという案があった。しかし、守備範囲を明確にしている方面隊を組み直すと大混乱に陥る。私が考えている陸自総隊は、現在の中央即応集団（ＣＲＦ）を拡充、格上げして陸自総隊とするものだ。

各方面隊で対処できる事案についてはこれまで通り五方面隊がそれぞれ担当する。今回の災害派遣のように全国規模での部隊の出動や、方面をまたいで部隊を動かす事案については、陸自総隊司令部が担当する、という体制作りである。

中央即応集団は、第一空挺団、中央即応連隊、特殊武器防護隊などによって構成され、国内あるいは国外で事が起きた場合、文字通り即応できる部隊である。事が起きればいち早く現地に駆けつけ、状況を把握し、本部隊が着任できる環境整備を行う。まさに「即動必遂」の最強の機動部隊である。

安倍政権の中期防（中期防衛力整備計画＝平成二十六年度〜平成三十年度）において「基幹部隊の見直し等」の章では、以下のように「陸上総隊」の創設が明記された。ようやく私の提言が実現しそうである。

《陸上自衛隊については、我が国を取り巻く安全保障環境の変化を踏まえ、統合運用の下、作戦基本部隊（機動師団・機動旅団・機甲師団及び師団・旅団）や各種部隊等の迅速・柔軟な全国的運用を可能とするため、各方面総監部の指揮・管理機能を効率化・合理化するとともに、一部の方面総監部の機能を見直し、陸上総隊を新編する。その際、中央即応集団を廃止し、その隷下部隊を陸上総隊に編入する。島嶼部に対する攻撃を始めとする各種事態に即応し、実効的かつ機動的に対処し得るよう、2個師団及び2個旅団について、高い機動力や警戒監視能力を備え、機動運用を基本とする2個機動師団及び2個機動旅団に改編する》（二〇一三年＝平成二十五年＝十二月十七日発表）

陸上総隊司令部ができれば、有事の際、統幕長は陸海空三つの司令部に命令を下すだけでよい。

各司令部は相互に調整して有効な作戦計画を立て実行すればよい。現行法制度下では、西部方面隊から戦車一台を東部方面隊に移動させるのも大臣の許可が必要だが、そうした「有事の際の法的壁」を取り払うことができる。

ただし、一部の方面総監部の機能を見直すとあるが、方面隊はある程度均衡がとれていなくては作戦を主催できない。方面隊で格差を作ってはならない。また、私が提言する陸上総隊は、陸上総隊司令部が五方面隊の上部組織になるということではない。あくまで作戦統制としての組織体制である。総隊司令官が方面総監と同格では命令しづらいので、総隊司令官は方面総監よりも若干格上の者が任じられるほうがよい。この体制が一番効率的だろうと考える。これで陸海空が同様な組織体制となり、三軍の調整は統幕が行うという軍隊らしい組織に生まれ変わることができる。(※この陸上総隊は平成三十年三月二十七日に創設された)

国家安全保障局の体制強化

今回の東北大震災・福島原発事故では、中央防災会議や国家安全保障会議が十分に機能したとは言えない。こうした大災害に対しては、内閣府の中央防災会議が中心となって対応するのか、それとも国家安全保障会議が中心となったほうがいいのか。両会議とも内閣府の組織だが、災害の質と被災状況に応じて使い分け、きちんと機能させるべきだろう。

単なる防災、災害派遣であれば中央防災会議が中心でよい。それで十分だと思う。中央防災会議の長は内閣総理大臣で、全国務大臣、日本銀行総裁、日本赤十字社社長、日本放送協会会長らが委員に名を連ねる会議である。

しかし今回のような大規模かつ複合的事態では、国家安全保障会議がイニシアティブをとるべきである。災害対策と併行して国の防衛に隙間を作らないような対処をしていくことが大切だからだ。

国家安全保障会議は「日本版ＮＳＣ」と呼ばれ、国の安全保障に関する重要事項および重大緊急事態への対処を審議する。議長は自衛隊の最高指揮官である内閣総理大臣で、中心的会議は、総理、官房長官、外相、防衛相の四人で構成される「四大臣会議」である。

四大臣会議は平時から開催され、安全保障に関する政策を協議、対外政策の基本的な方向性を決定する。必要に応じて、副総理、総務大臣、財務大臣、経産大臣、国交大臣、国家公安委員長を加えた「九大臣会議」を開催する。さらに首相が定めた大臣が出席する「緊急事態大臣会合」などもある。複合的・重層的な国家的安全保障の対応組織となっている。また、議長の許可を得たうえで、統合幕僚長等の自衛隊関係者が出席し意見を述べることもできる。

災害派遣当時、私は「国の安全保障が忘れられてしまっている」と感じた。中央防災会議は、震災復興の特命大臣を兼務していた松本龍環境大臣が一度開いただけだった。松本大臣は被災地への暴言で辞任、そのあとは一度も開かれなかった。

民主党政権になってから「事務次官会議」が廃止されていたことも機能不全に陥った要因の一つだが、一度だけ開かれた中央防災会議でも会議の中身が各省庁に何も浸透していかないような状態だった。また各省庁の役割区分が不明確であり、政府全体として担当省庁の明確化等を行わなければならない事項、例えばご遺体搬送、物資の供給輸送、石油供給不足対処、原発対応等については担当省庁が未決定、あるいは検討そのものがなされていなかった。実際に物資の供給輸送にしても、生活必需品、食糧など物資によって所管官庁が異なり、輸送手段についても不明確であった。物資を運ぶためには、例えば国交省は民間業者に発注しなければならない。ところが民間業者は、帰りの燃料が確保できないと拒否する。そうなると、陸送もできる、燃料も自前で調達できる「自衛隊さん、お願いします」ということになる。いくら中央防災会議を開いて各省庁の代表が集まって決めごとをしても、実行できないのでは全く意味がなかった。

震災後、この教訓をふまえ、災害対策基本法の一部を改正する法律が平成二十四年六月二十七日公布、施行されている。これによると各省庁の役割区分が明確化され、例えば物資等の供給については、緊急を要し、要請等を待つ暇がないと認められる場合は、都道府県・国は自らの判断で物資等を供給できること、および運送事業者である指定公共機関等に対し、物資等の運送の要請や指示を行うことができるようになった。これは大変よいことであり、防災に関しては国家としての取り組みの改善が図られている。

さらに原発事故のような安全保障上の問題が起きている時は、国家安全保障会議を開いて対処すべきだろう。今回の災害対策、原発事故に際して、実際に国の安全保障や国防という観点からの意識を持って対応していたのは防衛省・自衛隊だけだったのではないだろうか。

少なくとも菅直人総理大臣率いる首相官邸には、その意識が全くなかった。だから国家安全保障会議も開かなかったのだろう。安倍政権になってから、国家安全保障会議の事務局「国家安全保障局」が設置され、五十数人の体制で運営されるようになった（二〇一四年＝平成二十六年一月）。もちろん自衛隊の制服も加わっているが、国家安全保障局の設置で情報共有等が円滑に行われ、安全保障会議が以前よりも有効に機能しているようだ。

私は大震災発生直後に「これは戦《いくさ》だ」と認識したが、国家の危機とは、こういう時ではないのか。大災害や原発事故を契機にして、何が起こるか分からない、他国からの挑発、侵略があるかもしれない。国内で全国的な大混乱が起こるかもしれない。そういう危機意識は防衛省、自衛隊だけでなく、全省庁の職員が常に持っていなくてはならないだろう。

後　文

私は防大的優等生ではなかった。学業成績はむしろ劣等生の部類で、同期には優秀な者がたくさんいた。

地元で進学校である大分県立中津南高等学校に入学した際、長兄の影響で中学時代に熱中していた柔道をきっぱりとやめ、勉強一筋で有名国立大学を目指そうと心に誓った。しかし、入学後しばらくすると無性に柔道がしたくなり、再び柔道にのめり込んでしまった。進学コースのクラスでは、運動部に入っている者は誰もおらず、母親は進学指導の担任の先生に呼び出され、「柔道部をやめるよう」に言われたそうだ。

自分としては文武両道を目指すものの、実際には柔道中心の高校生活となった。毎日、始業前の六時から朝練習がある。放課後五時からの本練習でくたくたになって暗い道を家に帰り、晩ご飯を食べたらバタンキューの毎日だった。家で勉強しようと机につくが、気力も体力も全く残っていなかった。

そのお陰で高校時代キャプテンを務め、二段の昇段試験に合格したが、気がついてみると、現実は厳しく学校の成績は下がる一方だった。

進学指導の先生からは「火箱、お前の成績だと、国立大学は無理だ」と言われた。家が裕福でないので、進学は当時学費が安い国立大学か防衛大学校しか考えていなかった。防大の入校試験は国立大より早く始まる。ダメ元で受けたところ合格してしまった。防大に入れば学費なしで手当もくれる。親に負担をかけないで済む。柔道も存分にやれる。防大の「規則正しい生活」への憧れもあった。

防大は自分にとって最高の環境だったのである。学校の教育方針が「広い視野、科学的思考、豊かな人間性を培わん」とするもので、教場・学生舎での勉学、リーダーシップ、フォロワーシップを身につけさせる規律正しい学生舎生活、クラブ活動での体力、気力の養成の三つの教育を学校は重視していた。在学中はもちろん柔道部に入り稽古に明け暮れた。

柔道部には「黄菊白菊そのほかの名はなくもがな」という言葉が伝えられている。故・田中秀雄初代柔道部長が遺した精神的教えである。国防の大任を果たす人材になるべく教育を受けている防大生たる柔道部員にとって、勉学（黄菊）と柔道（白菊）の鍛錬こそが唯一無二の課題であって、その他は取るに足らない。勉強と柔道以外はするなと教えられた。

三年からは応用化学を専攻し、単位は落とさなかったが自慢できる成績ではなかった。しかし、戦史、戦略・戦術などの防衛学と訓練、そしてクラブ活動には熱心な変わった学生であった。柔道部には同期に諸橋君、飯島君、川端君という三人のインターハイ出場経験者がいた。彼らに負けたくない一心で私は稽古に励んだ。

二学年からは選手に選ばれ、三、四学年時には関東学生柔道優勝大会で二年連続団体優勝した。全日本学生柔道優勝大会にも出場し、憧れの日本武道館で試合ができた。また四学年次には、関東学生体重別選手権大会の軽量級の部で優勝、全日本学生体重別選手権大会に駒を進めることができ、在学中に四段に昇段した（現在は五段）。

体格も小さく柔道センスもない者が無差別級の者と戦うには、強い忍耐力、挺身不屈《ていしんふくつ》の精神が不可欠である。柔道部頌歌に「悪戦死地に窮すとも　挺身敢闘揺るぎなき」との一節がある。いつもこの一節を口ずさんでいた。いかなる敵に圧倒されて死地に追い込まれてもいささかも臆することなく、敢闘することを柔道修業を通して身をもって学んだ。防大柔道部で過ごした体験、実践は密かな自分自身の誇りであり、その後の防人人生に大きな力を与えてくれた。

防大卒業後は陸上自衛隊に入隊。沖縄の小銃小隊長を皮切りに、普通科（歩兵）幹部としての道を歩み始め、中隊長、連隊長などの指揮官、陸上幕僚監部、方面総監部などの幕僚、第十師団長、防衛大学校幹事（副校長）、中部方面総監、最後は陸上幕僚長（第三十二代）まで務めさせていただいた。

この間、南は沖縄の那覇から北は北海道の名寄まで、合計二十一回の引っ越しをともなう二十二のポストを経験した。私自身は、仕事であり仕方のないことであるが、家族には大変な負担をかけた。しかし、この各地各所での経験は、何物にも代え難い力を私に与えてくれたと思っている。多くの上司、同僚、部下に恵まれ、全国に広がる知人から絶大なご支援、ご協力をいただいてきた。防人冥利に尽きる半生であった。

　何の自慢にもならないが、陸上自衛隊に入隊以来三十八年間、無遅刻、無欠勤、病気・怪我入院一度もなし（検査入院はある）で現職を終えることができた。また、陸上自衛隊では幹部レンジャー課程、空挺基本降下課程、指揮幕僚課程、統幕学校一般課程なども修めた。現役時代に二十九回の降下訓練に参加したが、私は「六十歳二ヵ月」という自衛隊の「最年長降下記録」を持っている。退官を控えた二〇一一年七月六日、部下のお膳立てで「落下傘梱包百万個達成記念」の傘をもって、北澤防衛大臣の特別許可により降下したものだ（本書表紙カバー左そでの写真はその時のスナップである）。こんなことができたのも丈夫に生んで育ててくれた両親のお陰であるし、中学生のころから柔道で心身を鍛え、入隊後、空挺やレンジャー訓練で体力気力の限界に挑み、九州や沖縄での四十度を超える炎天下の行進訓練、北海道でのマイナス三十度の凍てつく中での冬季演習など各種の訓練に耐えてきたお陰である。

　部隊も人も苦しいことに耐えきれば強くなる。初級幹部のころは右も左も分からない部隊運用であったが、中堅幹部になるにしたがい戦術、上級幹部に至ると戦略の必要性を痛感して勉強してきたが、軍事組織の究極の目的は「戦《いくさ》」に勝つことである。そのためには、自衛隊は強くなければならない。強くなければ国家・国民を外敵から守り救うことができない。強さとは、国民への優しさの裏返しであると思い、「強靱な陸上自衛隊の創造」を掲げ、事態に対して即行動でき、持続力を発揮して任務を達成できるよう、全部隊、全隊員に厳しい要望をしてきたのも、自分自身の経験を通じて得た結論である。退官した今、こんな私を育ててくれた防衛省・自衛隊特に陸上自衛隊への恩返しをしなければと思っている。

本書は、東日本大震災における主として陸上自衛隊の活動状況を、当時の陸上幕僚長の視点で俯瞰《ふかん》し、政府、防衛省、統合幕僚監部、陸上幕僚監部、各方面総監部、最前線部隊までの活動を記録的に綴ったもので、その現場現場で何が行われ、何が判断されたかを記したものである。そして、そこから得られた教訓事項を私なりに整理し、今後あるべき陸上自衛隊について記したものである。今後、このようなことが生起した場合、国家・国民を救うために陸上自衛隊として何を備えておかなければならないかを世に問うたものである。

未曾有の大震災がわが国を襲い、地震・津波と福島原子力発電所の事故の複合事態において、陸上幕僚長の職にあった者として、一生を終えるまでには、後世の人達のため記録として残しておかねばと思って退官した。退官後も、当時の資料、会議、視察メモ、それと自分自身の日常の行動を克明に記した日記は大事に保管していた。退官後、頼まれての講演、新聞、雑誌などのインタビューを受け記事にはなっていたが、講演では限られた時間内にすべての活動内容を話しきれず、またインタビューでは相手の記者の関心事項しか掲載されないなど、もどかしさを感じていた。

図らずも拝命した陸幕長の職であったが、在任期間中試練ともいうべき仕事が大きく二つあった。一つは二二大綱策定への参画である。二つ目は東日本大震災への対応である。二二大綱は自民党政権下で議論が始まり二一大綱となるべき大綱であったが、歴史的な政権交代が行われ、陸上自衛隊への風が強烈な逆風となった大綱であり、その概要は本書で記述した通りである。二二大綱が公表されたところで私の任務は終わりだと決意し、「老兵は静かに去ろう」と思っていた矢先、未曾有の地震・津波が襲来したのである。ガツンとハンマーで殴られたような衝撃を受け、「お前は何をしているんだ！　何もできないだろう」とあざ笑う天の声が聞こえてきた。私は再び試練が与えられたような気がした。そこで思わず「よーし、今に見ていろ」と負けじ魂に火がつき、この戦、絶対負けてなるものかと決意した次第である。

その時のことを記録として残そうと思いながら、毎日の業務に追われ、時間が経過し早くも震災が生起してから三年半が過ぎようとしていた。昨年十月、高校の同窓会で後輩にあたるマネジメント社社長の安田喜根氏から「まだ書いてないのですか。書くべきです」と出版を勧められ、重い腰を上げることになった。出版は初めてであり、要領も全く分からず、書く時間も制限されており、当時の記憶も薄れる中で、日記を頼りに本一冊にまとめるのにこれほどの労力がいるものとは想像もしていなかった。いつかは書こうとは思っていたが、書き進める私のつたない文章に我慢に我慢を重ね、見事な編集作業で出版に導いてくれた安田氏の一念がなければ、世に出ることがずっと遅れるか、おそらく出ることはなかったかもしれない。また本書の執筆にあたり、編集者の松尾信之氏から貴重なアドバイスを頂戴した。記して謝意を申し上げたい。本書が歴史的な大災害と原子力発電所の事故に同時に対処した自衛隊の記録として、多くの読者に活用されることを期待している。記述中には記憶違い、誤解もあるかもしれないが、全責任は私にある。

東日本大震災において、この国家の危機的状況の中、協力して戦ってくれた杉本正彦海幕長、岩崎茂空幕長にまずお礼を申し上げたい。また、「即動必遂」「強靭な陸上自衛隊の創造」「軍隊による国民の安全確保」といった陸上自衛隊の命題が少しでも実現できたことは、私を終始補佐してくれた陸上幕僚監部の渡部副長以下、優秀な幕僚、JTF司令官となり東北の災害派遣全般の指揮を執った君塚栄治東北方面総監をはじめ、いち早くなけなしの部隊を派遣し、献身的に東北方面隊を物心両面から支えてくれた千葉徳次郎北部方面総監、関口泰一東部方面総監、荒川龍一郎中部方面総監、木﨑俊造西部方面総監、さらに、福島第一原発の事故に対し、難しい作戦を一歩も退くことなく遂行し、原発の安定化に貢献した宮島俊信中央即応集団司令官ほか、全陸上自衛隊隊員の結束と努力の賜である。

わが国の平和と安全と独立は自衛隊員の双肩にかかっている。加えて、苦しく困難な「防人《さきもり》」に人生を捧げる新たな益荒男《ますらお》が一人でも多く育ってくれることを心より期待するものである。

最後に、こんな私を最後まで使っていただいた北澤防衛大臣、折木統幕長、中江事務次官に心から感謝申し上げるとともに、あの過酷な「戦《いくさ》」に立ち向かってくれた全隊員および隊員を日々支えてくださったご家族の方々に心からの感謝と労いの意を表したいと思う。また、ほとんど家庭を顧みることができなかった私を支えてくれた妻千恵子、子供達にも感謝したい。（了）

火箱芳文（ひばこ・よしふみ）
三菱重工業㈱顧問〔第32代陸上幕僚長〕

1951年、福岡県築上郡上毛町（旧新吉富村）生まれ。

1974年、防衛大学校（18期生）卒業、陸上自衛隊に入隊。普通科（歩兵）幹部として、第1空挺団中隊長（習志野）、第3普通科連隊長（名寄）等の指揮官、陸上幕僚監部・方面総監部等の幕僚、学校教官等を務める。空挺基本降下課程、富士幹部レンジャー課程、陸上自衛隊幹部学校指揮幕僚課程、統合幕僚学校一般課程を卒業。

1999年、陸将補に昇任、第1空挺団長（習志野）、北部方面総監部幕僚長。

2005年、陸将に昇任、第10師団長（名古屋）、防衛大学校幹事（副校長、横須賀）、中部方面総監（伊丹）を経て、2009年、第32代陸上幕僚長に就任。

2011年、同職を最後に退官。翌年、三菱重工業㈱顧問、現在に至る。


2011年6月、アメリカ合衆国大統領よりリージョン・オブ・メリット〔勲功勲章（指揮官級）〕を受賞。柔道5段

即動必遂——東日本大震災　陸上幕僚長の全記録

2015年　3月11日　初版　第1刷　発行
2019年12月　1日　　　　第2刷　発行

著　者　火箱 芳文
発行者　安田 喜根
発行所　株式会社 マネジメント社
東京都千代田区神田小川町2-3-13M&Cビル3F（〒101-0052）
TEL 03-5280-2530（代表）　FAX 03-5280-2533
http://www.mgt-pb.co.jp
印刷　㈱シナノパブリッシングプレス

ISBN978-4-8378-0471-0 C0031